소방 유체역학

수정판

이태희 · 이태원 · 방부형

JINSAEM 진샘미디어

머리말

소방 관련 학과의 학생들과 소방 분야 종사자들에게 유체역학은 매우 중요한 위치를 차지하고 있다. 유체역학은 소방 기계 시설을 설계하는 기초이론이며, 소방 관련 법규를 단순히 외우는 것이 아니라 이해하는 데에도 도움이 되기 때문이다. 소방설비기사·산업기사(기계분야) 취득을 위해 치르는 1차 필기시험 과목은 소방원론, 소방유체역학, 소방관계법규, 소방기계시설의 구조 및 원리 등의 네 과목인데, 이 중 소방유체역학은 1차 필기시험에 합격하는 데 가장 큰 어려움을 주는 과목이다. 게다가 유체역학은 소방기계시설의 구조 및 원리와 소방원론을 이해하는 데에도 중요한 역할을 한다. 그뿐만 아니라 2차 실기 시험 과목인 소방기계시설 설계 및 시공 실무를 이해하고 문제를 풀이하는 데에도 유체역학이 필수적이다. 소방공무원 채용 시험에 포함된 소방학개론에도 당연히 유체역학의 지식이 필요하다. 이처럼 소방 분야에서 유체역학의 중요성은 아무리 강조하여도 지나치지 않다고 할 수 있다.

노벨상을 받은 물리학자도 젊은 시절에 유체역학을 포기하였을 정도로 유체역학은 어려운 학문이다. 그렇지만 실망하지 않아도 된다. 우리에게 필요한 것들만 추려낸다면 완전히 다른 이야기가 되기 때문이다. 이 책은 유체역학을 처음 배우는 학생이나 소방설비(기계분야), 기계설비 관련 자격시험 공부를 시작하는 사람들을 위한 교재가 되기를 바라는 마음으로 꼭 필요한 만큼의 내용만을 수록하였으며, 수학에 자신 없는 사람들도 어려움 없이 유체역학을 이해하고 활용할 수 있도록 유체역학적 원리나 현상 설명을 위한 수식에는 가급적 사칙연산과 제곱, 제곱근만을 사용하려고 노력하였다.

이 책은 소방설비기사(기계분야)의 소방유체역학의 주요 출제 분야를 기반으로 구성되어 있다.

1장은 유체의 정의, 분류 등과 같이 부담 없이 읽어보면 되는 내용이 주를 이루고 있다. 이 중 차원과 단위는 모든 공학의 기초가 되는 내용이므로 주의 깊게 읽어보기를 바라며, 중요한 단위들은 되도록 외울 것을 추천한다.

2장은 정지한 유체를 해석하는 유체 정역학, 즉 정지한 유체에 작용하는 압력과 유체 속에 잠긴 물체에 작용하는 힘을 다루고 있다.

3장은 유동하고 있는 이상 유체에 질량보존법칙과 에너지보존법칙을 적용하여 유동하는 유체의 압력, 속도, 위치에너지 등을 해석하는 방법을 다루고 있다.

4장에서는 유동하는 유체에 운동량보존의 법칙을 적용하여 유체가 흐르는 배관이나 노즐 등에 작용하는 힘을 분석하는 방법을 다루었다.

5장과 6장에는 소방기계시설의 구조와 원리를 이해하고, 나아가 소방기계시설을 설계하는 데에 필수적인 지식이라 할 수 있는 배관 및 펌프와 관련된 내용을 수록하였다.

7장과 8장에 유체역학의 인접 학문이라 할 수 있는 열역학과 열전달 관련 내용을 담았다. 열역학과 열전달은 소방설비기사 시험의 소방유체역학 과목의 출제 범위이기도 하지만 소방원론이나 소방관 채용 시험의 소방학개론을 이해하는 데에도 필요한 내용이다.

교재의 집필과 출판에 여러 가지 도움을 주신 모정하 교수님을 비롯한 진샘미디어 관계자들께 감사의 마음을 전한다.

2024년 1월

저자 대표 이태희

목차

제 1 장

유체의 기본 성질

1 유체의 정의

대부분의 물질은 고체(solid), 액체(liquid), 기체(gas)의 세 가지 상태로 존재한다. 이 중 액체와 기체를 유체(fluid)라고 한다.

고체와 유체는 그 물질을 구성하고 있는 분자 사이의 거리와 운동 상태에 따라 분류된다. 고체는 분자 간의 거리가 조밀하고 구속력이 강하여 물체의 모양을 유지할 수 있는 반면, 유체는 스스로 모양을 형성하지 못하고 유체를 담고 있는 용기에 따라 모양이 달라진다.

외부에서 접선 방향의 힘(tangential force), 즉 전단력(shear force)을 고체에 가하면 비교적 작은 변형을 보인 후 가해진 힘과 평형을 이루면 변형을 멈춘다. 그러나 유체(fluid)는 아무리 작은 전단력(shear force)이라도 작용하면 연속적으로 변형되는 물질을 말한다. 따라서 유체는 운동이 멈춘 정지 시에 전단력을 유지하지 못하는 물질로도 정의할 수 있다. 즉 유체는 정지상태에서는 전단력에 버텨 평형을 이루지 못하고 운동 상태에서만 전단력과 평형을 이룰 수 있는 물질이라고 할 수 있다.

유체를 해석하기 위해 우리가 관심을 가져야 하는 것은 유체를 구성하는 각각의 분자의 운동이 아니라 유체 전체의 평균적인 거동이다. 이를 위하여 유체를 연속성(continuity), 균질성(homogeneity), 등방성(isotropy)을 가진 연속체(continuous medium)로 취급하는 것이 필요하다.

2 유체의 분류

운동하는 유체 내부에 전단응력이 생기는 것은 점성(viscosity)이 있기 때문이다. 유체를 점성의 유무에 따라 점성 유체(viscous fluid)와 비점성유체(inviscid fluid)로 분류할 수 있다. 그러나 실제의 유체는 모두 점성을 가지고 있다. 점성 유체는 다시 뉴턴 유체(Newtonian fluid)와 비뉴턴 유체(Non-Newtonian fluid)로 분류할 수 있으며, 유체 내부에 발생하는 전단응력은 유체 내부의 속도 구배(gradient)에 비례한다는 뉴턴의 점성 법칙을 따르는 유체를 뉴턴 유체(Newtonian fluid), 뉴턴의 점성 법칙을 따르지 않는 유체를 비뉴턴 유체(Non-Newtonian fluid)라고 한다.

압력을 가하였을 때 부피가 변하는 유체를 압축성 유체(compressible fluid), 부피가 변하지 않는 유체를 비압축성 유체(incompressible fluid)라고 하며, 대부분의 공학적 해석에서 유체를 비압축성 유체로 취급한다.

실제 유체는 점성과 압축성을 모두 가지고 있지만, 점성과 압축성이 없는 유체를 완전 유체(perfect fluid) 또는 이상 유체(ideal fluid)라고 한다. 실존하지 않는 완전 유체를 정의하는 이유는 이론적 해석이 용이할 뿐만 아니라 실제 유체이 기본적인 성질을 대부분 가지고 있기 때문이다.

3 유체역학의 응용 분야 및 연구방법

유체역학에 대한 기본적인 개념, 원리, 지식은 유체를 작동 매체(working medium)로 사용하는 모든 장치를 해석하고 설계하며 제작하는데 필수적이다. 예를 들면, 자동차, 비행기, 우주선, 선박, 잠수함 등이 여기에 해당된다.

그리고 터빈, 압축기, 펌프, 홴(fan) 등과 같은 유체기계를 해석하고 설계하는 데에도 유체역학의 기본적인 이론 및 원리가 적용되고 있다. 한편 건축물(개인 주택, 업무용 빌딩, 대형 공공건물 등)이나, 토목 관련 공사(터널, 교량, 댐 등) 등도 유체역학의 원리를 필요로 하는 분야이다.

앞서 서술한 바와 같이 유체는 매우 작은 전단력이 작용하더라도 계속해서 변형하여 흐르려는 경향을 나타낸다. 이에 따라 유체의 거동을 해석하는 분야는 크게 유체정역학, 유체운동학 및 유체동역학의 세 가지로 분류된다.

유체정역학(fluid statics)은 움직임이 없는, 즉 정지된 유체를 다루는 학문이다. 유체가 정지상태에 있으면 유체요소들 상호 간에 상대운동 및 각변형이 없으며 전단응력(shear stress)도 없게 된다. 이러한 상황에서 유체에는 전단응력이 작용하지 않고 수직응력(normal stress)만이 작용한다. 따라서 **유체정역학은 정지된 유체 내부에서의 힘이나 압력분포를 다루는 학문**이다.

유체운동학(fluid kinetics)은 유체입자가 외부로부터 힘을 받았을 때 발생하는 유체요소의 이동, 회전, 변형률 등의 현상을 다루는 학문이다. 유체요소는 운동하는 과정에서 병진운동, 회전운동, 선변형, 각변형을 복합적으로 겪는다. 순수한 병진운동이나 회전인 경우 전단응력이 작용하지 않으므로 변형이 없다. 유체입자의 운동은 속도와 가속도의 항으로 표현되므로 **유체운동학은 움직이는 유체입자에 대한 궤적을 해석하는 학문**이다.

유체운동학은 주로 속도를 다루는 반면 **유체동역학**(fluid dynamics)**은 유체입자에 대한 속도뿐만 아니라 입자에 작용하는 힘도 함께 고려하는 학문**이다. 힘은 체적력(중력)과 표면력으로 분류되며 표면력은 수직응력과 전단응력을 포함한다. 따라서 전단응력은 유체운동을 해석하는 데 있어서 매우 중요한 역할을 한다.

4 국제 단위계(SI)

[1] 양의 단위 정의

양(quantity)의 값(value)은 일반적으로 수와 단위의 곱으로 표현한다. 단위는 대상이 되는 양의 어느 한 특정한 예로 기준으로 사용되는 것이며, 수는 양의 값과 단위의 비율이다.

어느 특정한 양에 대하여 다른 단위들을 사용할 수 있다. 예를 들어, 어떤 입자의 속력 v의 값은 $v = 25$ m/s 또는 $v = 90$ km/h로 표현할 수 있는데, 여기서 미터 매 초와 킬로 미터 매 시간은 이 속력이라는 양(quantity)의 같은 값에 대한 서로 다른 단위이다.

[2] SI 단위의 정의

2018년에 채택된 정의 이전의 SI는 7개의 기본단위를 바탕으로 정의되었고 유도단위는 이 기본단위의 거듭제곱의 곱으로 구성되었다. SI는 CGPM 제26차 회의에서 7개의 '정의하는(defining)' 상수의 수치를 고정함으로써 7개 기본단위의 정의를 표현하는 접근법을 도입하였다.

7개의 정의 상수의 수치를 고정하는 방식으로 SI를 정의하면 기본단위와 유도단위를 포함한 모든 단위를 정의 상수로부터 직접 구성할 수 있으므로 원리적으로는 기본

단위와 유도단위의 구분이 필요 없게 된다.

그럼에도 불구하고, 기본단위와 유도단위의 개념은 유용한 면이 있고 또 역사적으로 잘 정립되어 있으므로 유지하기로 한다. 이것은 ISO/IEC 80000 시리즈의 표준에서도 여기서 정의하는 SI 기본단위 및 유도단위에 대응되는 기본량 및 유도량을 명시하고 있다는 점을 고려한 것이기도 하다.

[3] SI 기본단위

다음 표 1-1은 SI 기본단위를 나타낸 것이다. 양의 기호는 일반적으로 라틴 또는 그리스 알파벳 문자 한 개를 이탤릭체로 표기하며, 이것은 권고사항이다. 단위의 기호는 직립형태(로만)의 글자체로 표현하며 이것은 강제사항이다.

정의 상수의 정해진 수치를 기반으로 한 SI의 정의로부터 출발하여, 7개 기본단위의 정의는 다음과 같이 하나 또는 여러 개의 정의 상수를 적절히 사용함으로써 얻을 수 있다.

(1) 초

초(기호: s)는 시간의 SI 단위이다. 초는 세슘 133 원자의 섭동이 없는 바닥 상태의 초미세전이 주파수 $\Delta\nu_{Cs}$를 Hz 단위로 나타낼 때 그 수치를 9 192 631 770으로 고정함으로써 정의한다. 여기서 Hz는 s^{-1}과 같다.

❙ 표 1-1 ❙ SI 기본 단위

기본량		기본단위	
명칭	전형적인 기호	명칭	기호
시간	t	초	s
길이	l, x, r 등	미터	m
질량	m	킬로그램	kg
전류	I, i	암페어	A
열역학적 온도	T	켈빈	K
물질량	n	몰	mol
광도	I_V	칸델라	cd

이 정의로 초는 섭동이 없는 바닥상태에 있는 ^{133}Cs 원자의 두 초미세 준위 사이의 전이에 대응하는 복사선의 9 192 631 770 주기의 지속시간과 같게 된다.

(2) 미터

미터(기호: m)는 길이의 SI 단위이다. 미터는 진공에서의 빛의 속력 c를 $m\ s^{-1}$ 단위로 나타낼 때 그 수치를 299 792 458로 고정함으로써 정의한다. 여기서 초(기호: s)는 세슘 주파수 $\Delta\nu_{Cs}$로부터 정의된다.

이 정의로 1 미터는 빛이 진공에서 1/299 792 458초 동안 진행한 경로의 길이가 된다.

(3) 킬로그램

킬로그램(기호: kg)은 질량의 SI 단위이다. 킬로그램은 플랑크 상수 h를 J s 단위로 나타낼 때 그 수치를 $6.626\ 070\ 15\times10^{-34}$으로 고정함으로써 정의한다.

(4) 암페어

암페어(기호: A)는 전류의 SI 단위이다. 암페어는 기본전하 e를 C 단위로 나타낼 때 그 수치를 $1.602\ 176\ 634\times10^{-19}$으로 고정함으로써 정의한다. 이 정의로 1 암페어는 초당 $1/(1.602\ 176\ 634\ \times\ 10^{-19})$개의 기본전하의 흐름에 해당하는 전류가 된다.

(5) 켈빈

켈빈(기호: K)은 열역학 온도의 SI 단위이다. 켈빈은 볼츠만 상수 k를 $J\ K^{-1}$ 단위로 나타낼 때 그 수치를 $1.380\ 649\times10^{-23}$으로 고정함으로써 정의한다. 이 정의로 1 켈빈은 열에너지 kT를 $1.380\ 649\times10^{-23}$ J만큼 변화시키는 열역학 온도의 변화와 같아진다.

켈빈의 이전 정의에서는 물의 삼중점의 온도 T_{TPW}를 정확히 273.16 K으로 정했었다. 켈빈의 현재 정의는 T_{TPW} 대신 k의 수치를 고정하기 때문에, T_{TPW}는 이제 실험적으로 결정되어야 한다. 현재의 정의를 채택할 당시에 T_{TPW}는 재정의 이전에 측정된 k의 값에 기반을 두어 273.16 K이었다. 온도 눈금을 정의해오던 방식의 영향으로, 기호 T로 표시되는 열역학 온도는 여전히 어는점에 가까운 기준 온도인 T_0 = 273.15 K

과의 차이로 나타내는 것이 일반적인 관례이다. 이 온도 차이를 섭씨온도(기호: t)라고 하며, 다음의 양 관계식으로 정의된다.

$$t = T - T_0$$

섭씨온도의 단위는 섭씨도(기호: ℃)이며, 정의에 의하여 켈빈과 눈금의 크기가 같다.

온도 차 또는 온도 간격은 켈빈이나 섭씨도로 표현할 수 있는데, 어느 경우든 온도 차의 수치는 같다. 그러나 섭씨도로 표현된 섭씨온도의 수치는 켈빈으로 표현된 열역학 온도의 수치와 다음과 같은 관계가 있다:

t, ℃ = T, K−273.15

(6) 몰

몰(기호: mol)은 물질량의 SI 단위이다. 1몰은 정확히 $6.02214076 \times 10^{23}$개의 구성 요소를 포함한다. 이 숫자는 mol^{-1} 단위로 표현된 아보가드로 상수 NA의 고정된 수치로서 아보가드로 수라고 부른다. 어떤 계의 물질량(기호: n)은 명시된 구성 요소의 수를 나타내는 척도이다. 구성 요소란 원자, 분자, 이온, 전자, 그 외의 입자 또는 명시된 입자들의 집합체가 될 수 있다.

(7) 칸델라

칸델라(기호: cd)는 어떤 주어진 방향에서 광도의 SI 단위이다. 칸델라는 주파수가 540×10^{12} Hz인 단색광의 시감효능 Kcd를 lm W^{-1} 단위로 나타낼 때 그 수치를 683으로 고정함으로써 정의한다. 여기서 lm W^{-1}은 cd sr W^{-1} 또는 cd sr kg^{-1} m^{-2} s^3과 같다. 이 정의에 따라 1 칸델라는 주파수가 540×10^{12} Hz인 단색광을 방출하는 광원의 복사도가 어떤 주어진 방향으로 (1/683) W/sr일 때 이 방향에 대한 광원의 광도가 된다. 스테라디안(sr)은 입체각이다.

[4] 양의 차원

물리량은 차원의 체계(system of dimensions)로 정리될 수 있는데, 이때 사용되는 체계는 관례에 따라 결정된다. SI에서 사용되는 7개의 기본량은 각각 고유한 차원을 가지는 것으로 간주한다. 기본량을 나타내기 위하여 사용되는 기호들과 그들의 차원

| 표 1-2 | SI에서 사용되는 기본량과 차원

기본량	양을 나타내는 전형적인 기호	차원을 나타내는 기호
시간	t	T
길이	$l,\ x,\ r$	L
질량	m	M
전류	$I,\ i$	I
열역학 온도	T	Θ
물질량	n	N
광도	I_v	J

을 나타내는 데 사용되는 기호들은 표 1-2와 같다.

위 기본량 외의 다른 모든 양은 유도량이며(수효는 예외), 물리 관계식에 의해 기본량을 써서 나타낼 수 있다. 유도량의 차원은 해당 유도량과 기본량들 사이의 관계를 나타내는 관계식을 사용하여 기본량 차원의 거듭제곱의 곱으로 표현된다. 일반적으로 어떤 양 Q의 차원은 차원의 곱의 형태로 표현된다.

$$\mathrm{dim}Q = \mathrm{T}^{\alpha}\mathrm{L}^{\beta}\mathrm{M}^{\gamma}\mathrm{I}^{\delta}\Theta^{\epsilon}\mathrm{N}^{\zeta}\mathrm{J}^{\eta}$$

여기서 지수 α, β, γ, δ, ϵ, ζ, η는 차원지수라고 부르는데, 일반적으로 작은 정수이고, 양, 음 또는 0이 될 수 있다.

차원 관계식에서 모든 차원지수가 0인 유도량 Q도 있다. 특히, 두 개의 같은 종류의 양의 비로 정의되는 양의 경우가 이에 해당한다. 예를 들어, 굴절률은 두 속력의 비이고, 상대유전율은 유전매질의 유전율과 자유공간의 유전율의 비이다. 이러한 양은 단순히 수이고, 관련된 단위는 '일'(기호: 1)이지만 명시적으로는 거의 표시하지 않는다.

평면각과 입체각은 각각 라디안과 스테라디안으로 표시될 때 사실상 SI 내에서 단위 '일(1)'을 가지는 양으로 취급된다. 필요한 경우, 기호 rad와 sr은 라디안과 스테라디안에 대해 고려하고 있는 양이, 각각 평면각과 입체각이거나 그와 관련되어 있다는 것을 강조하기 위해 명시적으로 표기된다. 예를 들어, 스테라디안의 기호 sr은 광측정 및 복사측정에서 선속과 세기 단위 사이의 차이를 강조한다. 그러나 수학, 그리고 과학 전 분야에서 rad = 1과 sr = 1을 사용하는 것은 오래 지속되어 온 관습이다. 라디안과 스테라디안은 역사적인 이유로 유도단위로 취급한다. 두 개의 같은 종류의 양의

비율(예를 들어 길이의 비나 물질량 분률) 또는 수효(예를 들어 광자나 붕괴의 개수)로 표현되는, 단위가 '일'인 양에 대해서는 명확한 설명을 하는 것이 매우 중요하다.

[5] 유도단위

유도단위는 기본단위의 거듭제곱의 곱의 형태로 정의된다. 이 곱의 수치 인자가 1 인 경우, 그 유도단위는 일관성 있는 유도단위라고 부른다. SI의 기본단위와 일관성 있는 유도단위는 일관성 있는 세트를 이루고, 일관성 있는 SI 단위 세트라고 명명된다. 여기서 '일관성 있는'이라는 표현은 양의 수치들 사이의 식이 양들 사이의 식과 정확히 같은 형태를 가진다는 뜻이다.

┃표 1-3┃ 특별한 명칭과 기호를 가진 22개의 SI 단위

유도량	단위의 특별한 명칭	기본단위로 표시된 단위	기타 SI 단위로 표시된 단위
평면각	라디안	rad = m/m	
입체각	스테라디안	sr = m^2/m^2	
주파수, 진동수	헤르츠	Hz = s^{-1}	
힘	뉴턴	N = kg m s^{-2}	
압력, 응력	파스칼	Pa = kg m^{-1} s^{-2}	
에너지, 일, 열량	줄	J = kg m^2 s^{-2}	N m
일률, 전력, 복사선속	와트	W = kg m^2 s^{-3}	J/s
전하, 전하량	쿨롬	C = A s	
전위차	볼트	V = kg m^2 s^{-3} A^{-1}	W/A
전기용량, 정전용량	패럿	F = kg^{-1} m^{-2} s^4 A^2	C/V
전기저항	옴	Ω = kg m^2 s^{-3} A^{-2}	V/A
전기전도율	지멘스	S = kg^{-1} m^{-2} s^3 A^2	A/V
자기선속	웨버	Wb = kg m^2 s^{-2} A^{-1}	V s
자기선속밀도	테슬라	T = kg s^{-2} A^{-1}	Wb/m^2
인덕턴스	헨리	H = kg m^2 s^{-2} A^{-2}	Wb/A
섭씨온도	섭씨도	℃ = K	
광선속	루멘	lm = cd sr	cd sr
광조도	럭스	lx = cd sr m^{-2}	lm/m^2
(방사성 핵종의) 방사능	베크렐	Bq = s^{-1}	J/kg
흡수선량, 커마	그레이	Gy = m^2 s^{-2}	J/kg
선량당량	시버트	Sv = m^2 s^{-2}	
촉매활성도	카탈	kat = mol s^{-1}	

SI의 일부 일관성 있는 유도단위는 특별한 명칭을 가진다. 표 1-3에는 특별한 명칭을 가진 22개의 SI 단위가 열거되어 있다. 7개의 기본단위와 함께 이 단위들은 SI 단위의 핵심을 이룬다. 기타 모든 SI 단위는 이 29개 중 일부의 조합이다.

CGPM에서는 일관성 있는 SI 단위의 십진배수와 십진분수를 구성하기 위해 일련의 접두어를 채택하였다. 이를 사용하면 단위보다 훨씬 크거나 훨씬 작은 양의 값을 표현하기에 편리하다. 그러나 SI **단위에 접두어를 붙여 사용하는 경우, 접두어가 붙은 단위는 더는 일관성 있는 단위가 되지 않는다. 왜냐하면, 그 접두어로 인하여 1이 아닌 수치 인자가 도입되었기 때문**이다. 접두어는 기본단위 킬로그램을 제외한, 특별한 명칭을 가진 29개의 SI 단위 중 어떤 것과도 함께 쓰일 수 있으며, 관련 내용은 뒤에 더 자세히 기술되어 있다.

7개의 기본단위와 특별한 명칭과 기호를 가진 22개의 단위는 다른 유도량의 단위를 표시하기 위해 서로 조합되어 사용될 수 있다. 양(quantity)의 수는 한이 없으므로 유도량과 유도단위의 온전한 목록을 제시하는 것은 불가능하다. 표 1-4는 유도량의 예와 이에 대응되는 일관성 있는 유도단위를 기본단위로 나타내고 있다. 부가적으로 표 1-5에는 명칭과 기호에 유도단위가 포함되어있는 일관성 있는 유도단위의 예시가 나와 있다. SI단위의 온전한 집합은 일관성 있는 단위의 집합과 SI 접두어를 사용해

| 표 1-4 | 기본단위로 표시된, SI의 일관성 있는 유도단위의 예

유도량	양에 대한 전형적인 기호	기본단위로 표시된 유도단위
넓이	A	m^2
부피	V	m^3
속력, 속도	υ	$m\ s^{-1}$
가속도	a	$m\ s^{-2}$
파동수, 파수	σ	m^{-1}
밀도, 질량밀도	ρ	$kg\ m^{-3}$
표면밀도	ρA	$kg\ m^{-2}$
비(比)부피	v	$m^3\ kg^{-1}$
전류 밀도	j	$A\ m^{-2}$
자기장 세기	H	$A\ m^{-1}$
물질량 농도	c	$mol\ m^{-3}$
질량 농도	ρ, γ	$kg\ m^{-3}$
광휘도	LV	$cd\ m^{-2}$

| 표 1-5 | 특별한 명칭과 기호를 가진 일관성 있는 SI 유도단위가 명칭과 기호에 포함된 일관성 있는 SI 유도단위의 예

유도량	일관성있는 유도단위의 명칭	기호	기본단위로 표시된 유도 단위
점성도	파스칼 초	Pa s	$kg\ m^{-1}\ s^{-1}$
힘의 모멘트	뉴턴 미터	N m	$kg\ m^{2}\ s^{-2}$
표면장력	뉴턴 매 미터	$N\ m^{-1}$	$kg\ s^{-2}$
각속도, 각주파수	라디안 매 초	$rad\ s^{-1}$	s^{-1}
열속밀도, 복사조도	와트 매 제곱미터	W/m^{2}	$kg\ s^{-3}$
열용량, 엔트로피	줄 매 켈빈	$J\ K^{-1}$	$kg\ m^{2}\ s^{-2}\ K^{-1}$
비열용량, 비엔트로피	줄 매 킬로그램 켈빈	$J\ K^{-1}\ kg^{-1}$	$m^{2}\ s^{-2}\ K^{-1}$
열전도도	와트 매 미터 켈빈	$W\ m^{-1}\ K^{-1}$	$kg\ m\ s^{-3}\ K^{-1}$

만들어진 십진배수와 십진분수를 모두 포함한다.

각 물리량은 비록 특별한 명칭과 기호를 사용하여 여러 다른 형태로 표시될 수 있기는 하지만, 오직 하나의 일관성 있는 SI 단위만을 가진다는 사실이 특별히 강조된다.

여러 다른 양들이 같은 SI 단위를 사용하는데, 예를 들어 열용량뿐 아니라 엔트로피의 SI 단위도 줄 매 켈빈이다. 이와 유사하게, 기본량인 전류와 유도량인 기자력의 SI 단위는 모두 암페어이다. 따라서 어떤 양을 명시하기 위해 단위만을 사용하지 않는 것이 중요하다.

[6] SI 단위의 십진배수와 십진분수

10^{24}부터 10^{-24} 범위의 십진배수와 십진분수가 SI 단위와 함께 사용할 수 있도록 마련되어있다. 이러한 배수 및 분수 접두어의 명칭과 기호가 표 1-6에 제시되어 있다.

접두어 기호는 단위기호와 마찬가지로 주변 문장의 글자체와 상관없이 직립형태의 글자체를 사용하여 쓰며, 접두어 기호와 단위기호 사이에 빈칸이 없도록 단위기호에 붙여야 한다. da(데카), h(헥토), 그리고 k(킬로)를 제외한 모든 배수 접두어 기호는 대문자이며, 모든 분수 접두어 기호는 소문자이다. 모든 접두어 명칭은 문장 서두를 제외하고는 소문자로 표현한다.

| 표 1-6 | SI 접두어

인자	명칭	기호	인자	명칭	기호
10^1	데카	da	10^{-1}	데시	d
10^2	헥토	h	10^{-2}	센티	c
10^3	킬로	k	10^{-3}	밀리	m
10^6	메가	M	10^{-6}	마이크로	μ
10^9	기가	G	10^{-9}	나노	n
10^{12}	테라	T	10^{-12}	피코	p
10^{15}	페타	P	10^{-15}	펨토	f
10^{18}	엑사	E	10^{-18}	아토	a
10^{21}	제타	Z	10^{-21}	젭토	z
10^{24}	요타	Y	10^{-24}	욕토	y

접두어가 붙은 단위기호는 분리할 수 없는 새로운 단위기호를 구성하며, 양 또는 음의 거듭제곱 연산이 가능하고, 다른 단위기호들과 결합하여 복합 단위기호를 구성할 수 있다.

예: pm (피코미터), mmol (밀리몰), GΩ (기가옴), THz (테라헤르츠)

$$2.3\ \text{cm}^3 = 2.3\ (\text{cm})^3 = 2.3\ (10^{-2}\ \text{m})^3 = 2.3 \times 10^{-6}\ \text{m}^3$$

마찬가지로, 접두어의 명칭도 그 접두어가 붙어있는 단위의 명칭에서 분리하지 않는다. 예를 들면, 밀리미터, 마이크로파스칼, 그리고 메가뉴턴은 하나의 단어이다. 복합 접두어 기호 즉, 2개의 이상의 접두어 기호를 병기한 접두어 기호는 허용되지 않는다.

킬로그램은 역사적인 이유로 명칭과 기호에 접두어를 포함하는 유일한 일관된 SI 단위이다. 질량의 단위에 대한 십진배수와 십진분수는 단위명칭 '그램'과 단위기호 'g'에 각각 접두어의 명칭과 기호를 붙여서 사용한다. 예를 들어 10^{-6} kg은 마이크로킬로그램, μkg이 아니라 밀리그램, mg으로 표기한다.

[7] SI와 함께 사용하는 것이 인정되는 SI 이외의 단위

SI는 국제적으로 합의된 기준을 제공하며, 이를 기준으로 그 밖의 모든 단위가 정의된다. **일관성 있는 SI 단위는 양 관계식의 어떤 양에 특정 값을 대입할 때 단위 환산**

이 필요하지 않다는 장점을 가지고 있다.

그럼에도 불구하고 몇몇 비 SI 단위들이 널리 사용되고 있으며 향후 계속해서 사용될 것으로 예상된다. 그래서 CIPM은 일부 비 SI 단위를 SI와 함께 사용하는 것을 인정했으며, 이들은 표 1-7에 정리되어 있다. 이러한 단위들이 사용되면 SI의 어떤 장점들은 상실된다는 것을 이해해야만 한다. SI 접두어들은 몇몇 이런 단위들과 함께 사용할 수 있지만, 예를 들어 시간의 비 SI 단위들과는 함께 사용하지 않는다.

표 1.7은 또한 로그비(logarithmic ratio) 양의 단위인 네퍼, 벨, 데시벨을 보여주고 있다. 이 단위들을 사용할 때 양의 속성을 명시하고, 사용된 기준값도 명시하는 것이 중요하다. 이 단위들은 관련된 로그비 양의 특성에 대한 정보를 전달하는 데 사용된다. 네퍼(기호: Np)는 네퍼(또는, 자연) 로그 ln = $\log_e$의 사용에 기반을 둔 수치를 가진 양의 값을 표현하는 데 사용된다. 벨(기호: B)과 데시벨(기호: dB)(여기서 1 dB은 1/10 B)은 십진 로그 lg = $\log_{10}$의 사용에 기반을 둔 수치를 가진 로그비 양의 값을 표현하는 데 사용된다. Lx = m dB = (m/10)B (여기서 m은 수)의 서술은 m = 10 $\lg(X/X_0)$을 의미하는 것으로 해석한다. 네퍼, 벨과 데시벨 단위는 SI와 함께 사용하기 위해 CIPM에 의해 인정되었지만 SI 단위는 아니다.

표 1-7 SI와 함께 사용되는 것이 인정되는 비SI 단위

양	명칭	기호	SI 기본단위로 나타낸 값
시간	분	min	1 min = 60 s
	시간	h	1 h = 60 min = 3600s
	일	d	1 d = 24 h = 86 400 s
길이	천문단위	au	1 au = 149 597 870 700 m
평면각 및 위상각	도	°	1° = (π/180) rad
	분	′	1' = (1/60)° = (π/10 800) rad
	초	″	1" = (1/60)' = (π/648 000) rad
면적	헥타르	ha	1 ha = 1 hm^2 = 10^4 m^2
부피	리터	l, L	1 l = 1 L = 1 dm^3 = 10^3 cm^3 = 10^{-3} m^3
질량	톤	t	1 t = 10^3 kg
	돌턴	Da	1 Da = 1.660 538 86 × 10^{-27} kg
에너지	전자볼트	eV	1 eV = 1.602 176 53 × 10^{-19} J
로그비 양	네퍼	Np	
	벨	B	
	데시벨	dB	

역사적 관심이 있거나, 특정 분야(예를 들면, 원유의 배럴)에서 여전히 사용하거나, 또는 특정 국가에서 사용하고 있는(인치, 푸트, 야드) 비SI 단위가 더 많이 있다. CIPM은 현대 과학기술 작업에서 이 단위들을 반드시 사용해야 하는 사례를 찾지 못했다. 그러나 이 단위들과, 대응되는 SI 단위들과의 관계를 기억하는 것은 분명히 중요한 일이고 앞으로도 다년간 그러할 것이다.

5 공학단위계(중력단위계) 및 영국단위계

[1] 공학단위계(중력단위계)

질량 1kg에 중력가속도($g = 9.81\ m/s^2$)가 작용할 때의 힘을 kg_f로 나타내는 단위체계로써 길이(L), 힘(F), 시간(T)을 기본단위로 물리량의 단위를 정의한다.

$$1kg_f = 1kg \cdot 9.81 m/s^2 = 9.81 kg \cdot m/s^2 = 9.81N$$

$$1N = \frac{1}{9.81} kg_f$$

공학단위계에서 1kg은 질량을 나타낸 것인지 중량을 나타낸 것인지 불분명하지만, SI에서는 kg은 질량을 의미하고, N은 힘을 의미하므로 혼돈의 여지가 없다.

질량은 특정 물체가 가지고 있는 고유의 양이고, 무게(중량)는 물체에 작용하는 중력이므로 질량은 위치에 따라 변화하지 않지만 무게는 위치에 따라 변한다. 예를 들어 질량이 1kg인 물체의 질량은 달(달의 중력은 지구의 1/6이다.)에서도 1kg이지만, 무게는 지구에서의 무게의 6분의 1인 1/6 kg_f가 된다.

중력단위계는 동력과 물을 다루는 문제에서 실용적으로 유용하다.

[2] 영국단위계

영국단위계는 SI와 함께 널리 사용되는 단위계로써, 영국에서 유래하여 영국과 미국에서 주로 사용된다. 영국단위계가 어려운 이유는 기본단위가 익숙하지 않은 것과는 별개로 10진법을 사용하지 않는다는 데에도 있다.

| 표 1-8 | 영국 단위계

양	명칭	기호	단위 환산
길이	인치, 피트, 야드	in, ft, yd	1ft = 12in, 1yd = 3ft, 1in = 2.54cm
면적	에이커	ac	1ac = 220yd · 22yd = 4046m^2
부피	영국갤런,	gal	1gal = 4.546 L
	미국갤런	gal	1gal = 3.785 L
질량	파운드	lb, lbm	1lb = 1lbm = 0.4536kg
중량	파운드힘	lbf	1lbf = 0.4536kgf = 4.450N
온도	파렌하이트도	℉	T℉ = 180/100 T℃ + 32
			T℃ = 100/180 (T℉-32)
에너지	영국열량단위	BTU	1BTU = 1055 J
동력	영국마력	HP	1HP = 550lbf · 1ft/s = 745.7 W
압력	평방인치당 파운드힘	psi	1psi = 1lbf/in^2 = 6895Pa

영국단위계의 여러 가지 단위 중 알아두어야 단위와 SI단위와의 관계를 표 1-8에 수록하였다.

6 유체의 성질

[1] 밀도, 비체적 및 비중량

비체적(specific volume)은 단위 질량당 체적으로 정의되며, 밀도는 비체적의 역수이다. 비중량(specific weight)은 단위 체적당 무게로 정의된다. 관계식을 나타내면 다음과 같다.

$$v = \frac{V}{m} = \frac{1}{\rho} \quad [m^3/kg] \tag{1-1}$$

$$\rho = \frac{m}{V} = \frac{1}{v} \quad [kg/m^3] \tag{1-2}$$

$$\gamma = \frac{mg}{V} = \rho g \quad [N/m^3] \tag{1-3}$$

표준 중력장에서 중력 가속도는 $g = 9.81 m/s^2$이므로 20℃와 1atm에서 공기와 물의 비중량은 다음과 같이 계산된다.

$$\gamma_{air} = 1.21 kg/m^3 \times 9.81 m/s^2 = 11.87 N/m^3$$

$$\gamma_{water} = 998 kg/m^3 \times 9.81 m/s^2 = 9790 N/m^3$$

[2] 비중

밀도와 관련된 물리적 양에는 비중량 외에 비중(specific gravity; SG)이 있다. 비중은 표준 상태에서 기준으로 택한 유체의 밀도에 대한 임의로 택한 유체의 밀도비로 정의된다.

$$SG \equiv \frac{\rho_{임의\,유체}}{\rho_{기준\,유체}}$$

기준 유체로서 액체는 1atm과 4℃의 물을 택하고, 기체는 1atm과 15℃의 건공기(dry air)를 택한다. 식으로 표현하면 다음과 같다.

$$SG_{liquid} = \frac{\rho_{liquid}}{\rho_{water}} = \frac{\rho_{liquid}}{1000 kg/m^3} \quad (1\text{-}4a)$$

$$SG_{gas} = \frac{\rho_{gas}}{\rho_{air}} = \frac{\rho_{gas}}{1.23 kg/m^3} \quad (1\text{-}4b)$$

예제 1-1 비중 및 비중량

어떤 기름의 무게가 80kN이고, 체적이 10 m^3이다. 이 기름의 비중량, 밀도 및 비중을 구하라.

풀이 $\gamma = \frac{F}{V} = \frac{80,000}{10} = 8000 N/m^3$

$$\rho = \frac{\gamma}{g} = \frac{8000}{9.81} = 815.5 kg/m^3$$

$$SG_{liquid} = \frac{\rho_{liquid}}{1000kg/m^3} = \frac{815.5}{1000} = 0.816$$

[3] 점성계수(점도)

그림 1-1과 같이 물체를 땅 위에서 끌어당기거나 밀려면 힘이 필요하다. 물체가 무거울수록 그리고 땅과 물체의 접촉면이 거칠수록 힘이 많이 소요된다. 고체역학에서는 두 접촉면에서의 마찰현상을 마찰계수(μ)라는 개념을 이용하여 정량적으로 나타낸다. 즉, 동일한 무게(W)에 대하여 마찰력(F_f)은 두 접촉면 사이의 거칠기 정도를 나타내는 마찰계수에 비례한다. 이와 비슷한 개념을 유체에도 적용할 수 있다.

고속으로 회전하는 베어링에는 마찰력을 줄이기 위해 윤활유를 주입한다. 윤활유의 상태(묽은 또는 끈적한)에 따라 마찰력도 달라질 것이다. 그렇다면 유체에서는 마찰력을 어떻게 정의하고 계산할까?

수평 상태로 놓여 있는 매우 넓은 두 평판 사이에 윤활유가 채워져 있다. 위쪽 평판을 잡아당기면 유체(윤활유)는 층과 층 사이에서 마찰을 일으키는 현상으로 보인다. 층과 층 사이에서 발생되는 마찰력이 유체의 전단력이 되고 이 전단력을 평판의 면적으로 나누면 "전단응력(shear stress)"이 된다.

우리는 앞에서 전단응력이 작용하는 동안 연속적으로 변형되는 물질을 유체라고 정의하였다. 따라서 위쪽 평판을 계속 잡아당기면 유체요소에는 전단응력이 작용하고 변형도 계속 발생한다. 일정 시간 동안 변형되는 정도를 "변형률(deformation rate)"이라고 한다. 유체에 작용하는 전단응력과 변형률은 유체의 성질이나 특성에 따라 결정된다.

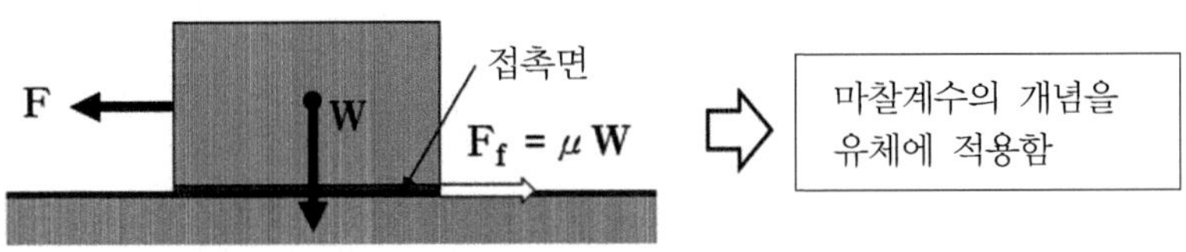

그림 1-1 마찰계수의 개념을 유체에 적용

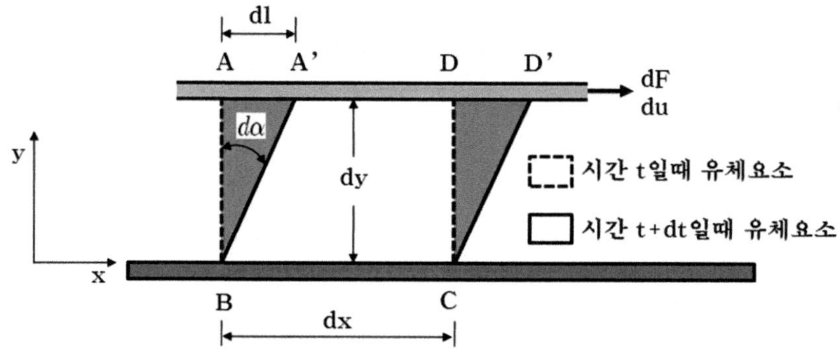

그림 1-2 유체요소의 변형

전단응력과 변형률을 정의하기 위하여 그림 1-2와 같은 상황을 고려한다. 위 평판에 일정한 힘 dF_x가 작용하여 평판이 일정한 속도 u로 이동할 때 유체요소에 작용하는 전단응력은 다음과 같이 표현된다.

$$\tau_{yx} = \frac{dF_x}{dA_y}$$

여기서 dA_y는 수평 평판과 접촉하고 있는 유체요소의 미소면적이다. 유체요소는 미소시간 dt 동안에 위치 $ABCD$에서 $A'BCD'$로 변형되는데, 이때 유체의 각변형 속도는 다음과 같이 나타낸다.

$$\text{변형률} = \frac{d\alpha}{dt}$$

여기서 $dl = dudt$ 또는 $dl = d\alpha dy$(각도가 작을 때)이므로 다음의 관계가 성립한다.

$$\text{변형률} = \frac{d\alpha}{dt} = \frac{du}{dy}$$

따라서 전단응력 τ_{yx}를 받으면 유체요소는 du/dy의 변형률을 일으킨다. 유체요소의 du/dy는 수학적으로 속도구배를 의미하며 물리적으로는 단위시간당 변형되는 정도를 말한다. 이 변형률을 "전단율(shear rate)"이라고도 부른다.

전단응력과 변형률의 관계에 따라 유체를 분류하는데, 전단응력과 변형률이 정비례하는 유체를 뉴턴 유체(Newtonian fluid)라 하며, 정비례하지 않는 유체를 비뉴턴 유체(non-Newtonian fluid)라고 한다.

(1) 뉴턴 유체

대표적인 유체인 물이나 공기를 포함하여 대부분의 유체는 정상적인 조건에서 뉴턴 유체의 거동을 나타낸다. 이 경우에 전단응력과 변형률은 정비례하므로 다음 관계가 성립한다.

$$\tau_{yx} \propto \frac{du}{dy} \tag{1-5}$$

두 평판 사이에 채워진 유체가 전단응력을 받을 때 변형되는 정도는 유체의 특성에 따라 당연히 달라질 것이다. 예를 들어, 물과 글리세린을 비교하면 동일한 전단응력에 대하여 변형되는 정도는 물이 글리세린보다 훨씬 크리라는 것을 우리는 경험을 통하여 익히 알고 있다. 이러한 변형 정도는 비례상수(μ)를 사용하여 다음 식과 같이 표현할 수 있다.

$$\tau_{yx} = \mu \frac{du}{dy} \tag{1-6}$$

여기서 비례상수 μ를 "점성계수" 또는 "점도(viscosity)"라고 한다. 점도의 SI 단위는 kg/(m·s) 또는 Pa·s이며, 기본 단위로 표현하면 poise = g/(cm·s)가 된다. 포아즈(poise)는 유체역학 발전에 기여한 의사 Poiseuille에서 나온 단어이다. 다양한 유체의 점성계수가 부록에 도시되어 있다.

밀도에 대한 점도의 비를 "동점성계수" 또는 "동점도(kinematic viscosity)"라 부르고 $\nu = \mu / \rho$로 나타낸다. 동점도의 SI 단위는 m^2/s이며, 기본 단위로 표현하면 stoke = cm^2/s이다. 스토크(stoke)는 유체역학 발전에 헌신한 과학자 Stokes에서 만들어 낸 단어이다.

점성계수의 단위인 poise와 동점성계수의 단위인 stoke를 SI단위와 비교하여 표현하면 다음과 같다.

$$1\text{poise} = 1\frac{\text{g}}{\text{cm} \cdot \text{s}} = 1\frac{10^{-3}\text{kg}}{10^{-2}\text{m} \cdot \text{s}} = 0.1\left[\frac{\text{kg}}{\text{m} \cdot \text{s}}\right] = 0.1\,[\text{Pa} \cdot \text{s}] \tag{1-7a}$$

$$1\,\text{stoke} = 1\frac{\text{cm}^2}{\text{s}} = 1\frac{10^{-4}\text{m}^2}{\text{s}} = 10^{-4}[\text{m}^2/\text{s}] \tag{1-7b}$$

(2) 비뉴턴 유체

페인트나 치약과 같은 유체는 전단응력과 변형률이 비례하지 않는다. 전단응력과 변형률의 관계가 뉴턴 유체와 같이 선형적으로 변하지 않는 모든 유체를 비뉴턴 유체(non-Newtonian fluid)라고 부른다.

페인트는 용기 속에 있을 때 매우 진(thick)하지만 전단력이 가해지면 아주 묽어(thin)진다. 치약은 튜브로부터 짤 때는 유체와 같이 유동하지만 손을 놓으면 유동을 멈추는데, 이는 치약 내에 존재하는 항복응력(yield stress)이 작용한 결과이다. 항복응력이 있는 혈액도 대표적인 비뉴턴 유체이다.

비뉴턴 유체의 전단응력과 변형률의 관계를 나타낸 수학적 모델이나 경험식은 현재까지 많이 제안되어 있다. 본 저서에서는 비뉴턴 유체에 대한 자세한 설명을 생략한다. 그림 1-3은 여러 종류의 비뉴턴 유체에 대하여 변형률과 전단응력의 관계를 도시한 것이다.

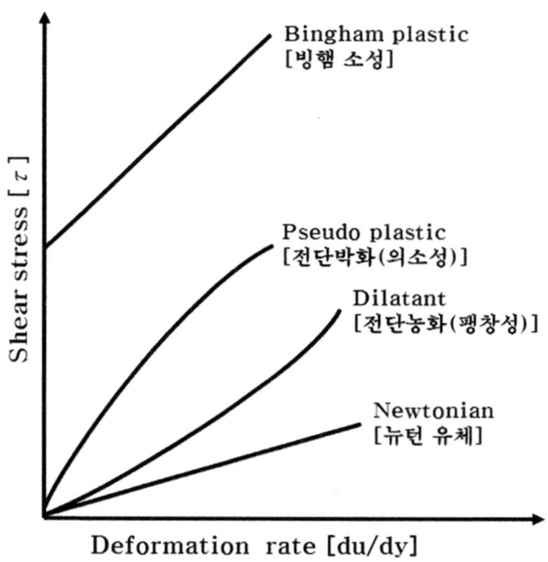

그림 1-3 비뉴턴 유체의 전단응력과 변형률

예제 1-2 물의 점도(점성계수)

25℃인 물의 점도는 $\mu = 8.9 \times 10^{-4}$Pa · s 이고 밀도는 $\rho = 997\,\text{kg/m}^3$ 이다. 동점성계수를 구하고 단위를 $stoke = \text{cm}^2/\text{s}$ 로 환산하라.

풀이 $\nu = \dfrac{\mu}{\rho} = \dfrac{8.9 \times 10^{-4}}{997} = 8.927 \times 10^{-7}\text{m}^2/\text{s}$

$$\nu = 8.927 \times 10^{-7}\text{m}^2/\text{s} = 8.927 \times 10^{-7}\frac{(100\text{cm})^2}{\text{s}} = 8.927 \times 10^{-3}\text{stoke}$$

예제 1-3 점도와 전단응력

그림과 같이 두 평판 사이에 액체가 있고 위쪽 평판이 0.4m/s의 속도로 움직이고 있다. 평판 사이의 간극은 d=0.4mm로 매우 작으므로 액체 내의 속도분포는 선형으로 가정할 수 있다. 이 액체의 비중은 SG=0.85이고, 점도는 $\mu = 0.006\,poise$ 이다. 액체의 밀도, 동점성계수(ν) 및 전단응력을 구하라.

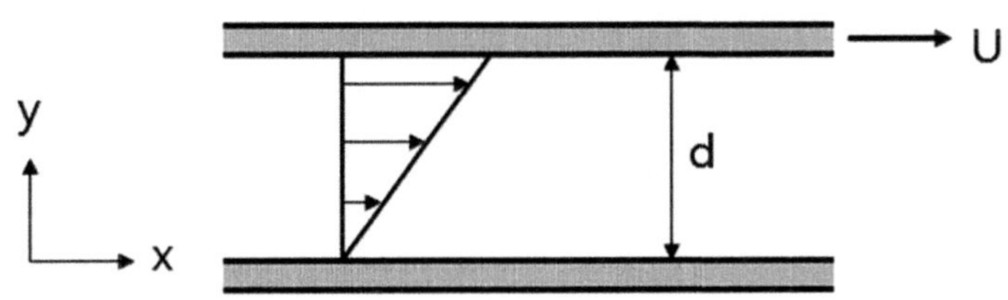

풀이 $SG = \dfrac{\rho_{liquid}}{1000} \quad \rightarrow \quad \rho_{liquid} = 1000SG = 1000(0.85) = 850\,\text{kg/m}^3$

$$\nu = \frac{\mu}{\rho} = \frac{0.006[\text{g}/(\text{cm}\cdot\text{s})]}{850\text{kg/m}^3} = \frac{0.006}{850}\frac{\text{g}\times\text{m}^3}{\text{kg}\times\text{cm}\times\text{s}}$$

$$= \frac{0.006}{850}\frac{10^{-3}\text{kg}\times\text{m}^3}{\text{kg}\times10^{-2}\text{m}\times\text{s}} = 7.06\times10^{-7}\text{m}^2/\text{s}$$

$$\tau = \mu\frac{du}{dy} = \mu\frac{\Delta u}{\Delta y} = (\rho\nu)\frac{U}{d} = 850(7.06\times10^{-7})\frac{0.4}{0.4\times10^{-3}} = 0.6\,\text{Pa}$$

[4] 표면장력과 모세관 현상

일반적으로 물은 매끈한 표면 위에서 공 모양을 이루지 못하고 수평 방향으로 퍼져있다. 그러나 공 모양으로 연꽃잎 위에 맺혀있는 물방울들을 볼 수 있다. 그렇다면 물은 연꽃잎에서 무슨 작용에 의하여 물방울의 형태를 유지할 수 있는가? 이러한 특성을 나타내는 액체의 성질을 표면장력 현상이라고 한다.

표면장력(surface tension)은 서로 혼합될 수 없는 두 유체의 경계면에서 분자력의 작용으로 표면을 최소화하려는 힘이라고 말할 수 있고, 단위 면적 당의 에너지(J/m^2) 또는 단위 길이당의 힘(N/m)으로 표현된다.

그림 1-4와 같이 속이 비어있는 물방울을 생각해 보자. 표면적이 줄어들수록 표면에너지가 줄어들어 안정화되므로 표면장력은 물방울의 표면적을 줄이려는 방향으로 작용한다. 한편 외부보다 높은 내부 압력은 물방울이 커지는 방향으로 작용할 것이다. 두 힘은 상호 반대 방향으로 작용하며 평형을 이루고 있다. 이를 식으로 나타내면 다음과 같다.

$$\frac{d(\sigma \cdot A)}{dr} = \frac{d(\Delta P \cdot V)}{dr} \tag{1-8}$$

식(1-8) 좌변의 A는 구의 표면적의 2배로 계산하여야 한다. 반경이 커짐에 따라 물방울의 내부 면적과 외부 면적이 동시에 증가하기 때문이다. 우변의 V는 구의 체적으로 계산한다. 이 내용을 적용하여 식(1-8)을 다시 쓰면 다음과 같다.

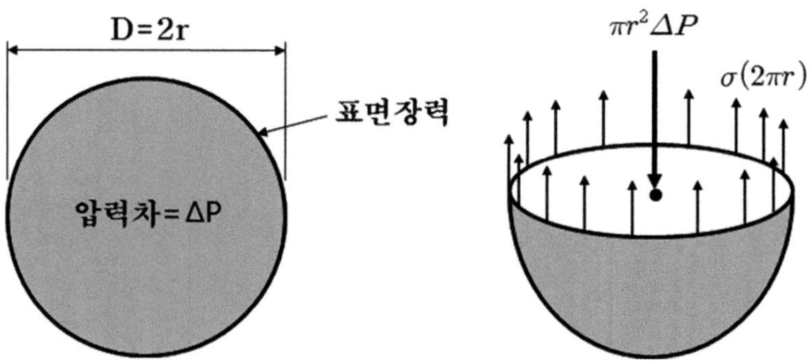

그림 1-4 표면장력

$$\frac{d(\sigma \cdot 2 \cdot 4\pi r^2)}{dr} = \frac{d\left(\Delta P \cdot \frac{4}{3}\pi r^3\right)}{dr} \tag{1-9}$$

위 식을 정리하면 $\sigma \cdot 16\pi r = \Delta P \cdot 4\pi r^2$이고, 최종적으로 다음 식을 얻을 수 있다.

$$\sigma = \frac{\Delta P \cdot r}{4} = \frac{\Delta P \cdot D}{8} \tag{1-10}$$

공기와 접촉하는 여러 가지 액체의 표면장력 값을 나타내면 표 1-9와 같다.

물이 담겨 있는 그릇에 직경이 작은 유리관을 꽂으면 물이 유리관을 타고 올라오는 현상을 관찰할 수 있다. 어떤 힘이 작용하여 물을 유리관 위로 끌어올렸을까? 이러한 상황을 모세관 현상(capillarity effect)이라고 한다. 모세관 현상은 모세관 내에서 유체의 응집력(표면장력)과 고체면과의 친화력(부착력)의 작용에 의한 결과이다. 그림 1-6에서 부착력이 응집력보다 크면(물인 경우) 액면은 올라가고, 반대로 부착력이 응집력보다 작으면(수은의 경우) 액면은 내려간다.

그림 1-5에서 표면장력의 수직성분과 상승된 물기둥의 무게는 평형을 이루므로 다음의 관계식이 성립한다. 여기서 β는 접촉각이다.

$$(\pi D) \cdot \sigma \cdot \cos\beta = (\rho g h)\frac{\pi D^2}{4}$$

따라서

$$h = \frac{4\sigma\cos\beta}{\rho g D} \tag{1-11}$$

▌표 1-9▐ 여러 가지 액체의 표면장력[N/m](20℃, 표준 대기압)

액체	물	수은	석유	글리세린	에탄올	메탄올
표면장력	0.0728	0.484	0.0268	0.063	0.0223	0.0226

예제 1-4 모세관 현상

물과 수은이 남겨있는 각각의 그릇에 반경 r = 1.5mm인 유리관을 꽂는다. 물과 수은의 기둥 높이를 구하라. 물과 수은의 상태량은 다음과 같다.

- 물　; $\rho = 998\text{kg/m}^3$, $\sigma = 0.0728\text{N/m}$, $\beta = 0°$
- 수은 ; $\rho = 13,600\text{kg/m}^3$, $\sigma = 0.484\text{N/m}$, $\beta = 140°$

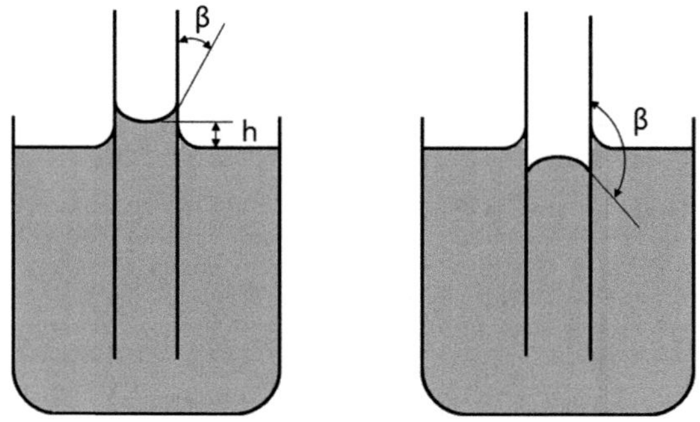

(a) 물　　(b) 수은

그림 1-5 모세관 현상

풀이 (a) 물 ; $h = \dfrac{4\sigma\cos\beta}{\rho g D} = \dfrac{4(0.0728)\cos 0°}{998(9.81)0.003} = 0.0099\text{m} = 9.9\text{mm}$

(b) 수은; $h = \dfrac{4(0.484)\cos 140°}{13600(9.81)0.003} = -0.0037\text{m} = -3.7\text{mm}$

즉, 접촉각의 영향으로 물의 기둥은 수평면 위로 올라가고, 수은의 기둥은 아래로 내려간다.

7 증기압

밀폐된 공간에서 기체와 액체가 공존하는 상태의 압력을 증기압이라고 한다. 조금 더 엄밀하게 서술한다면, 밀폐되고 진공(절대 진공)이 유지된 용기에 임의의 액체를 충분히(액체로 가득 차지 않을 만큼만) 주입하면 액체의 일부는 증발하여 기체가 되고, 기화되지 않고 남아있는 액체와 공존하게 된다. 이 때의 압력을 포화증기압이라고 하고, 온도가 높아지면 기화되는 양이 많아지면서 압력도 증가한다. 온도와 포화증기압은 1:1로 대응된다. 물의 온도에 따른 포화증기압을 표 1-10에 나타내었다.

액체와 기체가 공존한다는 것을 미시적으로 살펴보면 액체는 액체로만 존재하고, 기체는 기체로만 존재하는 것이 아니다. 액체로부터 탈출하여 기체가 되는 분자의 개수와 기체 분자로써 자유롭게 움직이다가 액체로 포획되는 분자의 개수가 같다는 뜻이다.

| 표 1-10 | 물의 포화증기압

온도/℃	압력/kPa	온도/℃	압력/kPa	온도/℃	압력/kPa	온도/℃	압력/kPa
5	0.87258	55	15.762	105	120.90	155	543.50
10	1.2282	60	19.946	110	143.38	160	618.23
15	1.7058	65	25.042	115	169.18	165	700.93
20	2.3393	70	31.201	120	198.67	170	792.19
25	3.1699	75	38.595	125	232.24	175	892.60
30	4.2470	80	47.414	130	270.28	180	1002.8
35	5.6290	85	57.867	135	313.23	185	1123.5
40	7.3849	90	70.182	140	361.54	190	1255.2
45	9.5950	95	84.608	145	415.68	195	1398.8
50	12.352	100	101.42	150	476.16	200	1554.9

8 물이 가지는 소화약제로서의 효과

물은 비열이 가장 큰 물질 중의 하나이며, 기화되면서 주위로부터 흡수하는 열량(증발 잠열)도 매우 큰 편이다. 게다가 증발하면서 일어나는 부피의 증가도 매우 크다. 큰 비열과 증발잠열은 물이 가지는 냉각효과를 대변하며, 증발로 인한 부피의 증가는 질식 효과를 의미한다.

물 1L가 20℃에서 100℃가 되면 80 kcal, 즉 335 kJ의 열량을 제거할 수 있으며, 증발하면서 539 kcal, 즉 2256 kJ의 열량을 추가적으로 제거할 수 있다. 20℃ 물의 1 L가 100℃의 수증기가 되면 619 kcal, 2592 kJ의 열량을 제거할 수 있다는 의미이다.

한편 20℃ 물의 1 L가 100℃의 수증기가 되면 수증기의 부피는 1668 L가 된다. 즉 물 1 L가 증발하면 주변 공간 1668 L는 수증기로 채워져 산소가 없는 공간이 될 수 있다는 뜻이다. 물론, 소화를 위해 뿌려진 물의 전부가 연소 중인 물체에 직접 도달하지는 않으며, 모두가 증발하여 수증기가 되지도 않는다. 표 1-11에 각 소화설비 당 물의 냉각효과를 나타내었다. 열흡수 능력은 20℃의 물이 100℃의 수증기가 되는 것을 기준으로 하였으며, 60%의 효과를 가진다고 가정하여 계산한 값이다.

표 1-11 일반적 물 사용 소화설비의 열흡수 능력

소화설비	1개당 방수량 / LPM	열흡수능력 / kJ/min
옥내소화전	130	202,524
옥외소화전	350	545,257
스프링클러	80	124,630

연 습 문 제

[1] 어떤 액체의 무게가 50 kN이고, 체적이 6 m^3이다. 이 액체의 비중량, 밀도 및 비중을 구하라.

[2] 30℃인 물의 점도는 $\mu = 7.97 \times 10^{-4}$Pa · s이고 밀도는 $\rho = 996\,kg/m^3$이다. 동점성계수를 구하고 단위를 stoke=cm^2/s로 환산하라.

[3] 어떤 기름의 동점성계수가 1.6 stoke이며 비중량은 8500 N/m^3이다. 점성계수는 몇 poise인가?

[4] 그림과 같이 두 평판 사이에 액체가 있고 위쪽 평판이 0.6m/s의 속도로 움직이고 있다. 평판 사이의 간극은 d=0.5 mm로 매우 작으므로 액체 내의 속도분포는 선형으로 가정할 수 있다. 이 액체의 비중은 SG =0.8이고, 점도는 μ = 0.008 poise이다. 액체의 밀도, 동점성계수(ν) 및 전단응력을 구하라.

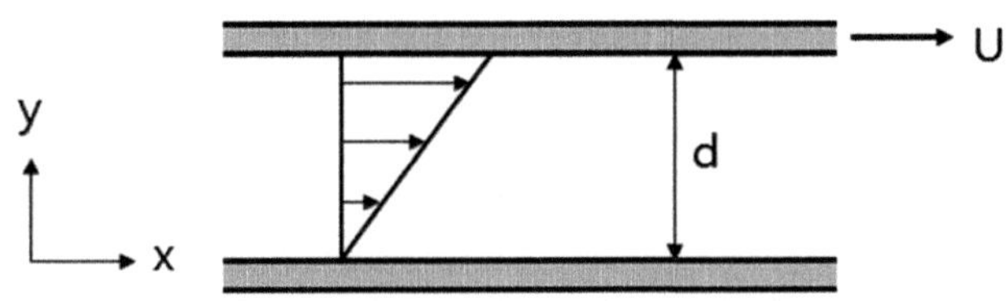

[5] 간극이 5 mm인 평행한 두 평판 사이에 점도 15 poise인 액체가 있고 위쪽 평판이 3 m/s의 속도로 움직이고 있다. 액체 내의 속도분포는 선형으로 변한다고 가정한다. 위쪽 평판에 작용하는 전단응력을 구하라.

[6] 물과 수은이 담겨있는 각각의 그릇에 반경 r=1.2 mm인 유리관을 꽂는다. 물과 수은의 기둥 높이를 구하라. 물과 수은의 물성치는 다음과 같다.

- 물 ; $\rho = 998\,\text{kg/m}^3$, $\sigma = 0.0728\text{N/m}$, $\beta = 0°$
- 수은 ; $\rho = 13{,}600\,\text{kg/m}^3$, $\sigma = 0.484\text{N/m}$, $\beta = 140°$

[7] 지름이 2 mm인 유리관과 3 mm인 유리관을 물속에 수직으로 세웠을 때 물이 유리관 내부로 올라가는 높이의 비(h_{3mm}/h_{2mm})를 구하면 얼마인가?

제 2 장

유체 정역학

유체에 전단응력이 작용한다는 것은 유체가 움직인다는 의미이다. 따라서 유체가 정지상태에 있다는 것은 유체요소들 사이에 상대적 운동이 없고, 각변형이 없으며, 전단응력도 없다는 뜻이다. 이러한 상황에서 유체는 단순히 전단응력이 아닌 수직응력만을 받으며, 이를 압력이라 부른다.

유체정역학(fluid statics)은 수직응력, 즉 압력만이 작용하는 정지상태의 유체를 해석하는 학문이며, 전단응력이 작용하는 유동 문제의 해석보다 훨씬 간단하다. 유체정역학의 원리나 이론을 적용하면 정지된 유체 속에 잠겨 있는 물체의 역학 문제를 쉽게 해결할 수 있다.

1 압력

유체가 정지하고 있을 때와 같이 유체를 구성하는 분자 상호 간의 상대 운동이 없을 경우, 전단응력과 마찰이 존재하지 않으므로 점성에 의한 효과가 나타나지 않고, 다만 수직 방향의 압력만 작용한다. 이와 같이 압력만 작용하는 상태를 해석하는 학문이 유체정역학이다.

정지 유체는 상대운동이 없으므로 수직 응력, 즉 압력만을 받는다. 따라서 정지 유체에서의 압력은 다음과 같은 특성을 나타낸다.

- 유체의 압력은 임의의 면에 수직으로 작용한다. 그림 2-1(a)
- 유체 내부의 임의의 한 점에 작용하는 압력은 모든 방향에서 같다. 그림 2-1(b)

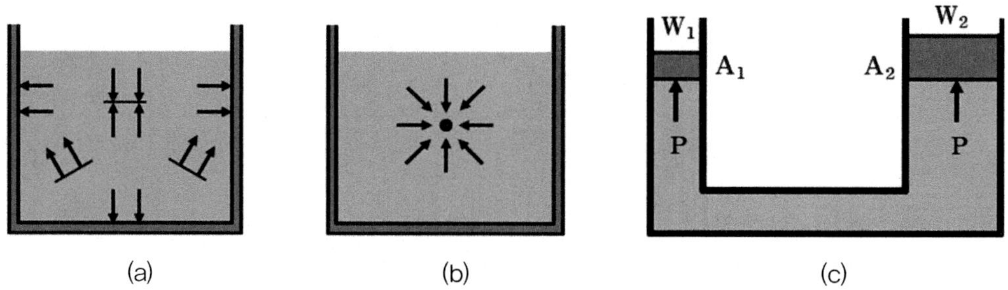

그림 2-1 정지 유체 내의 압력

• 밀폐된 용기의 유체에 작용한 압력은 같은 세기로 모든 방향으로 전달된다. (파스칼의 원리) 그림 2-1(c)

그림 2-2와 같이 바닥 면적이 A이고 깊이가 h인 수조에 물이 가득 들어 있다고 생각해 보자. 수조를 채우고 있는 물은 중력에 의해 수조의 바닥을 누르고 있을 것임은 쉽게 알 수 있다. 물에 작용하는 중력은 물의 무게이므로 물의 무게를 알면 물이 수조 바닥을 누르는 힘을 알 수 있다. 물의 무게는 물의 질량에 중력 가속도를 곱하여 구할 수 있고, 물의 질량은 물의 부피와 밀도를 곱하여 얻을 수 있다. 즉 물의 무게는 물의 부피와 밀도, 그리고 중력 가속도를 곱하여 계산할 수 있다. 물의 무게를 W라고 하면 다음 식이 성립한다.

$$W = \rho \cdot V \cdot g \tag{2-1}$$

여기서, ρ, V, 그리고 g는 각각 물의 밀도, 부피 그리고 중력가속도이다. 물의 부피, V는 바닥면적 A와 수조의 깊이 h를 곱한 값이므로 식(2-1)은 다음과 같이 고쳐 쓸 수 있다.

$$W = \rho \cdot A \cdot h \cdot g \tag{2-2}$$

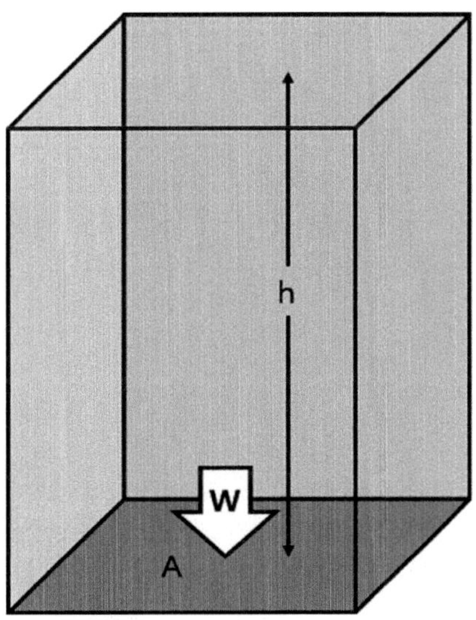

그림 2-2 물의 무게에 의한 압력

압력은 어떤 면적에 작용하는 힘을 그 힘의 작용을 받는 면적으로 나눈 값으로 정의된다. 따라서 수조 바닥에 작용하는 압력은 수조 바닥에 작용하는 힘, 즉 물의 무게를 수조 바닥의 면적으로 나누어 계산할 수 있으며, 이 관계를 식으로 나타내면 다음과 같다.

$$P = \frac{W}{A} = \frac{\rho \cdot A \cdot h \cdot g}{A}$$

위 식을 정리하면 다음의 식을 얻을 수 있다.

$$P = \rho \cdot g \cdot h \qquad (2\text{-}3)$$

밀도 ρ와 중력가속도 g를 곱한 값을 비중량이라고 하며, 이 책에서는 비중량을 표기하는 기호로 γ를 사용한다. 따라서 식(2-3)은 다음과 같이 쓸 수도 있다.

$$P = \gamma \cdot h \qquad (2\text{-}4)$$

그림 2-2의 h는 수조의 깊이라고 하였으나, 이것은 물의 표면을 기준으로 하여 수조 바닥까지의 거리를 표현한 것이다. 수조 바닥을 기준으로 생각하면, h는 수조 바닥으로부터 물의 표면까지의 높이라고 말할 수도 있다. 따라서 h는 물의 깊이라고도 할 수 있으며 동시에 물의 높이라고도 할 수 있다.

식(2-1)은 물의 밀도가 변하지 않고 일정할 때 성립하는 식이다. 따라서 식(2-3)과 (2-4) 또한 밀도가 일정한 유체, 즉 비압축성 유체에만 적용할 수 있는 식이다.

밀도가 압력에 따라 변화하는 압축성 유체의 경우는 다음 식을 사용할 수 있다.

$$P = P_0 e^{-\frac{y - y_0}{P_0/\gamma_0}} \qquad (2\text{-}5)$$

여기서, P는 고도 y에서의 압력, P_0와 γ_0는 각각 기준 고도 y_0인 지점에서의 압력과 비중량이다. 식(2-5)는 높이에 따른 온도의 변화가 없다는 가정을 적용하여 유도한 식(유도 과정은 생략한다.)이며, 등온기체의 고도에 따른 압력의 변화를 설명하고 있다.

2 대기압, 계기압, 절대압

[1] 대기압(atmospheric pressure)

지구를 감싸고 있는 공기를 대기라고하고, 대기의 중력에 의해 만들어지는 압력을 대기압(atmospheric pressure)라고 한다. 지구상에서 존재하는 모든 물체는 이 대기압의 영향을 받고 있으므로 이를 기순으로 삼을 경우 많은 이점이 있다. 그러나 대기압은 장소에 따라 달라지고, 같은 장소라고 할지라도 시간에 따라 변화한다. 즉 대기압은 일정한 값이 아니다. 당연히 일정하지 않은 대기압을 기준으로 사용할 수 없으므로 표준대기압을 설정하여 기준으로 사용하고 있다. 표준대기압은 물리기압 또는 atm이라고도 한다. 즉, 1표준대기압 = 1물리기압 = 1atm이다. 표준대기압의 정의는 0℃의 수은주 760 mm의 무게가 만드는 압력이다. 이를 식(2-4)를 사용하여 표현하면 다음과 같다.

$$1\text{표준대기압} = 1\text{물리기압} = 1\text{atm} = \gamma_{Hg} \cdot 760\text{mm} = 760\text{mmHg} \qquad (2\text{-}6)$$

여기서 γ_{Hg}는 수은의 비중량이며 13,600 kg_f/m^3이다. 식(2-6)을 상세히 풀어서 다시 쓰면 다음과 같다.

$$1\text{atm} = 13{,}600\text{kg}_f/\text{m}^3 \cdot 0.76\text{m} = 10{,}332\text{kg}_f/\text{m}^2 = 1.0332\text{kg}_f/\text{cm}^2 \qquad (2\text{-}7)$$

표준대기압의 정의를 식(2-3)을 이용하여 표현하면 다음과 같다.

$$\begin{aligned} 1\text{atm} &= \rho_{Hg} \cdot g \cdot 760\text{mm} = 13{,}600\text{kg/m}^3 \cdot 9.8\text{m/s}^2 \cdot 0.76\text{m} \\ &= 101{,}293\text{N/m}^2 = 101{,}293\text{Pa} = 101.293\text{kPa} \end{aligned} \qquad (2\text{-}8)$$

ρ_{Hg}는 수은의 밀도이며 13,600 kg/m^3이다.

식(2-6)의 마지막 표현 760 mmHg는 760 mm 높이의 수은(Hg) 기둥, 즉 760 mm의 수은주가 만드는 압력을 표현한 것이다. 이와 유사하게 10 m 높이의 물(Aqua) 기둥, 즉 10 m 높이의 수주가 만드는 압력을 생각해 보자. 10 m 높이의 수주가 만드는 압력을 식(2-4)와 (2-3)을 이용하여 표현하면 다음과 같다.

$$\text{수주 10 m의 압력 } P = 10\text{mAq} = \gamma_{water} \cdot 10\text{m} = 1{,}000\text{kg}_f/\text{m}^3 \cdot 10\text{m}$$
$$= 10{,}000\text{kg}_f/\text{m}^2 = 1\text{kg}_f/\text{cm}^2$$
$$= \rho_{water} \cdot g \cdot 10\text{m} = 1{,}000\text{kg/m}^3 \cdot 9.8\text{m/s}^2 \cdot 10\text{m}$$
$$= 98{,}000\text{Pa} = 98\text{kPa} \quad (2\text{-}9)$$

10 m 높이의 수주가 만드는 압력을 가장 간단히 표현하면 10 mAq이다. 이것은 10 m의 물(Aqua) 기둥이 만드는 압력을 직설적으로 표현한 것이다. 이 압력은 1 kg_f/cm^2인데, 이를 공학기압이라고 하며, 1at로 표현한다. 공업 방면에서 널리 쓰이는 압력단위이다.

식(2-6), (2-7), (2-8)은 표준대기압을 설명하는 수식들이다. 반면 관심 대상이 되는 장소의 측정하고자하는 바로 그 시점의 대기압을 그 곳의 국지대기압 또는 국소대기압이라고 한다.

[2] 계기압(gauge pressure)과 절대압(absolute pressure)

압력을 나타내는 방법은 두 가지가 있다. 첫 번째는 대기압을 기준으로 압력을 표시하는 것이다. 즉 어떤 압력이 대기압보다 얼마나 높은지, 낮은지를 말하는 것이다. 이것을 계기압(gauge pressure)이라고 한다. 두 번째는 절대 진공을 기준으로 하는 압력이다. 우주 공간같이 완전한 진공상태보다 얼마나 높은 압력인지를 말하는 것으로써, 절대압(absolute pressure)이라고 한다. 계기압은 음(−)의 값이 존재하지만, 절대압은 음(−)의 값이 존재하지 않는다. 대기압보다 낮은 압력은 계기압으로 음(−)의 값이 되고, 이를 진공압력(vacuum pressure)이라고 한다. 계기압을 측정하는 대표적 계측기는 부르동압력계와 개구 U자관 등이 있고, 절대압을 측정하는 계측기는 아네로이드 기압계, 수은기압계 등이 있다.

표준대기압, 국지대기압, 계기압, 진공압, 절대압의 관계를 그림 2-3에 정리하였고, 이 그림의 압력은 표 2-1에 나타내었다.

| 표 2-1 | 그림 2-3의 압력

	어제 기준 압력		오늘 기준 압력	
	A	B	A	B
표준대기압	101.3 kPa			
국지대기압	102 kPa		98 kPa	
절대압	180 kPa	80 kPa	180 kPa	80 kPa
계기압	78 kPa	−22 kPa	82 kPa	−18 kPa
진공압	해당 사항 없음	22 kPa	해당 사항 없음	18 kPa

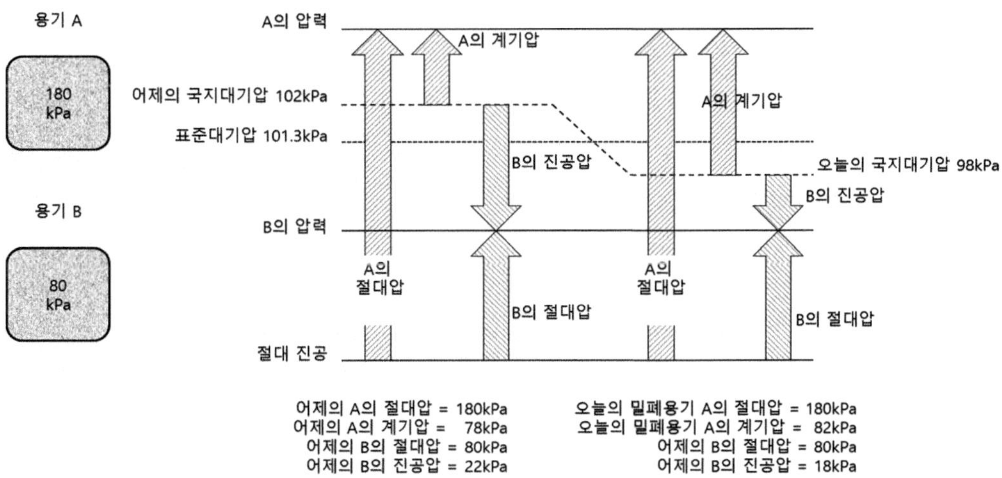

그림 2-3 표준대기압, 국지대기압, 계기압, 진공압, 절대압

앞의 설명과 그림에서 보듯이 표준대기압은 변하지 않고 일정한 값을 가지지만, 국지 대기압은 시간과 장소에 따라 변화한다. A와 B의 절대압력이 일정한 값을 유지하고 있었지만, 때와 장소에 따라 변화하는 국지대기압의 영향을 받아 A와 B의 계기압, 진공압은 달라지고 있다.

A와 같이 압력이 표준대기압보다 높은 경우의 절대압, 계기압, 국지대기압의 수식적 관계는 다음과 같다.

$$계기압 = 절대압 - 국지대기압 \quad (2\text{-}10a)$$

$$절대압 = 계기압 + 국지대기압 \quad (2\text{-}10b)$$

한편, B와 같이 압력이 표준대기압보다 낮은 경우의 절대압, 진공압, 국지대기압의 수식적 관계는 다음과 같다.

$$진공압 = 국지대기압 - 절대압 \quad (2\text{-}11a)$$

$$절대압 = 국지대기압 - 진공압 \quad (2\text{-}11b)$$

진공압력도 절대압과 국지대기압과의 차이를 의미하는 것이므로 일종의 계기압이라고 할 수 있다.

압력을 표기할 때 절대압력과 계기압력을 구분할 필요가 있는데, 절대압은 a 또는 abs 등을 단위 뒤에 덧붙여서 절대압임을 표현하고, 계기압은 g 또는 gage 등을 단위 뒤에 덧붙여서 계기압이라는 것을 표현한다.

예제 2-1 물 속의 계기압, 절대압

호수의 자유 표면으로부터 깊이 15 m 지점과 호수 표면의 계기압과 절대압을 각각 kPa 단위로 구하라. 단 국지대기압은 100 kPa이다.

① 호수 표면
- 계기압 = 0 kPa
- 절대압 = 100 kPa

② 수심 15m 지점
- 계기압 = 1,000 kg/m^3 · 9.8 m/s^2 · 15 m = 147,000 Pa = 147 kPa
- 절대압 = 147 kPa + 100 kPa = 247 kPa

3 유체 속에 잠긴 물체에 작용하는 힘

일상생활을 하고 있는 우리는 특별히 느끼지 못하지만, 몸 표면에는 항상 대기압이 작용하고 있다. 이와 마찬가지로 유체 속에 잠겨 있는 물체의 표면에도 언제나 압력이 작용한다. 표면에 작용하는 힘을 정확히 해결하기 위해서는 세 가지, 즉 ① 힘의 크기, ② 힘의 방향, ③ 힘의 작용선을 구체적으로 결정해야 한다.

[1] 수평 평면에 작용하는 힘과 작용점

그림 2-4와 같이 수평한 바닥을 가지는 용기에 액체가 담겨있다. 이 경우, 용기의 바닥 외부 면과 액체의 자유 표면에는 대기압이 작용하고 있다. 액체의 자유 표면으로부터 h 깊이로 잠겨 있는 수평 평판, 즉 용기 바닥의 내부 면에 작용하는 압력 $P = \rho gh$ 이다. 바닥면이 수평하기 때문에 압력은 일정하며, 수직으로 균등하게 작용하므로 평판에 작용하는 합력(resultant force)은 $F_R = (\rho gh)A$ 이다.

수평 평면인 경우 합력의 작용점(압력의 중심)과 도심(centroid)은 같은 위치이다. 그림 2-4에서 (x_R, y_R)는 작용점이며, (x_c, y_c)는 도심이다.

물속에 잠긴 수평 평면에 작용하는 힘에 대해 정리하면 다음과 같다.

① 힘의 크기 $F_R = (\rho gh)A$

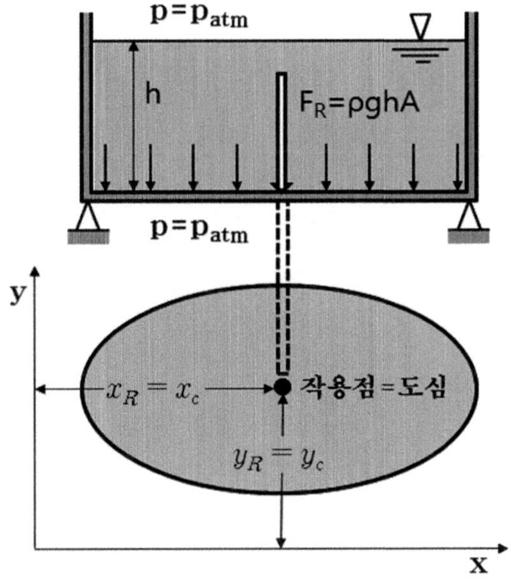

그림 2-4 수평 평면에 작용하는 힘과 작용점

② 힘의 방향 : 표면의 수직 방향

③ 힘의 작용선 : 평면과 수직하고 도심을 통과하는 직선

예제 2-2 수평 평면에 작용하는 힘

그림과 같이 크기가 2m×4m인 평판이 깊이 h = 5m의 물속에 잠겨있다. 평판에 작용하는 압력 및 평판의 한쪽 면에 작용하는 힘을 구하라.

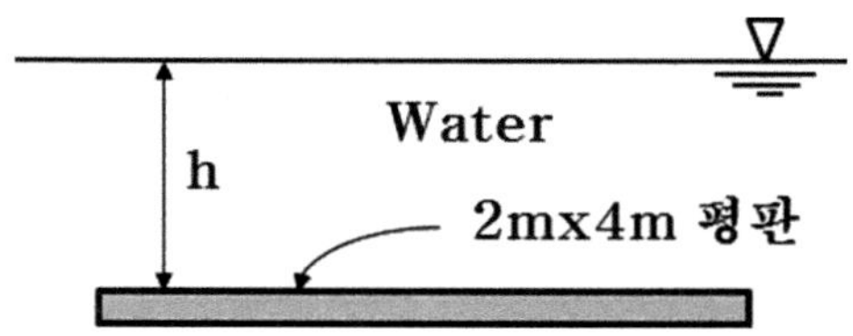

풀이 $P = \rho gh = 1000\text{kg/m}^3 \cdot 9.8\text{m/s}^2 \cdot 5\text{m} = 49{,}000\text{Pa} = 49\text{kPa}$

$F = PA = 49000\text{Pa} \cdot 8\text{m}^2 = 49000\text{N/m}^2 \cdot 8\text{m}^2 = 392{,}000\text{N} = 392\text{kN}$

[2] 경사 평면에 작용하는 힘과 작용점

그림 2-5와 같이 각도 θ 만큼 기울어진 경사 평면을 고려한다. 임의의 깊이 h에서 미분 면적 dA에 작용하는 힘은 $dF = (\rho gh)dA$ 이며 표면에 수직으로 작용한다. 합력은 전체 면적에 대하여 적분하면 구할 수 있으므로 다음 식과 같이 표현된다.

$$F_R = \int_A \rho gh dA = \int_A \rho g(y\sin\theta)dA = \rho g\sin\theta \int_A ydA$$

식의 오른쪽 항에 나타난 적분을 "면적의 1차 모멘트"라고 하며, 다음과 같이 쓸 수 있다.

$$\int_A ydA = y_c A$$

따라서

$$F_R = \rho g\sin\theta y_c A = \rho g h_c A \qquad (2\text{-}12)$$

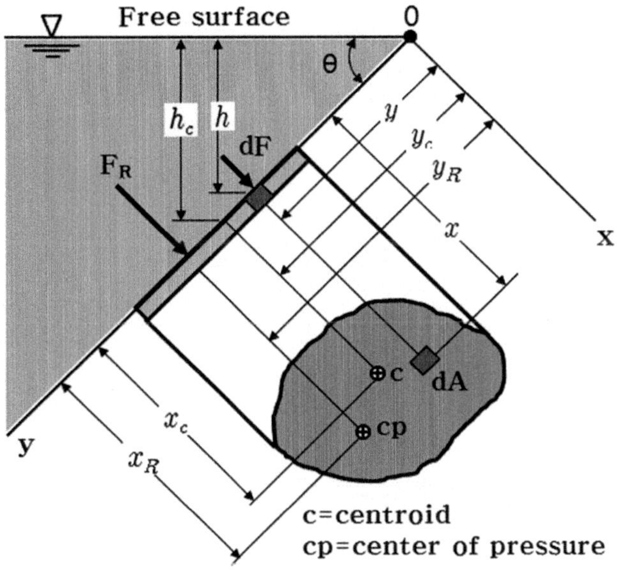

그림 2-5 경사 평면에 작용하는 힘과 작용점

여기서 $h_c = y_c \sin\theta$이며, 자유표면부터 도심까지의 수직거리이다. 정확한 힘의 결정 조건 세 개 중에서 힘의 크기가 결정되었으므로 다음으로 힘의 방향과 작용점을 기술한다.

힘의 방향은 표면에 수직이다. 그리고 평판에 작용하는 힘의 작용점은 합력 F_R의 1차 모멘트($F_R \cdot y_R$)와 미소 표면(dA)에 작용하는 힘(dF)에 의한 모멘트(dF · y)의 적분 결과가 같다는 조건을 이용하여 구할 수 있으며 결과는 다음과 같다.

$$F_R y_R = \int_A y dF = \int_A \rho g \sin\theta y^2 dA$$

따라서

$$y_R = \frac{(\rho g \sin\theta)\int_A y^2 dA}{F_R} = \frac{(\rho g \sin\theta)\int_A y^2 dA}{(\rho g \sin\theta) y_c A} = \frac{\int_A y^2 dA}{y_c A} = \frac{I_x}{y_c A}$$

위의 식에서 I_x를 x축에 대한 "면적의 2차 모멘트(관성 모멘트)"라고 한다. 평행축 이론에 의해서 $I_x = I_{xc} + A y_c^2$이므로 합력의 y방향 작용점(y_R)은 다음과 같이 표현된다.

$$y_R = y_c + \frac{I_{xc}}{y_c A} \tag{2-13a}$$

같은 방법으로 합력의 x방향 작용점(x_R)을 구하면 다음과 같이 정리된다.

$$F_R x_R = \int_A x \cdot \rho g y \sin\theta dA \quad \rightarrow \quad x_R = \frac{\int_A xydA}{y_c A} = \frac{I_{xy}}{y_c A}$$

❙ 표 2-2 ❙ 여러 가지 형상에 대한 도심 및 2차 모멘트

	형상	면적	도심	2차 모멘트(I)
직사각형	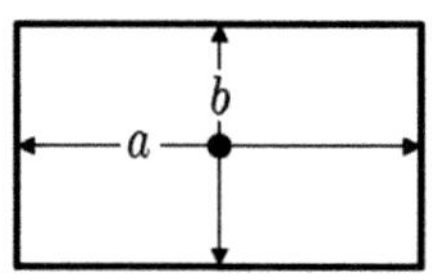	$A = ab$	$y_c = \frac{b}{2}$	$I_{xc} = ab^3/12$ $I_{yc} = a^3b/12$ $I_{xyc} = 0$
원형	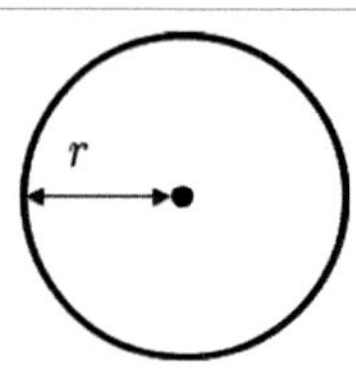	$A = \pi r^2$	$y_c = \frac{r}{2}$	$I_{xc} = I_{yc} = \pi r^4/4$ $I_{xyc} = 0$
타원형	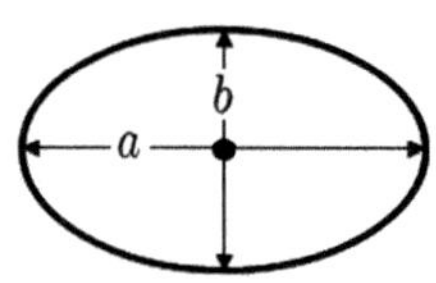	$A = \frac{\pi ab}{4}$	$y_c = \frac{b}{2}$	$I_{xc} = \pi ab^3/64$ $I_{yc} = \pi a^3b/64$ $I_{xyc} = 0$
삼각형	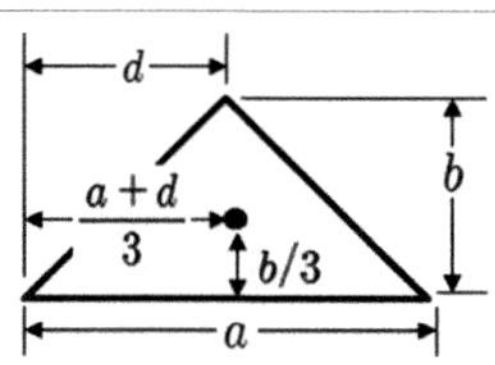	$A = \frac{ab}{2}$	$y_c = \frac{b}{3}$	$I_{xc} = ab^3/36$ $I_{xyc} = \frac{ab^2}{72}(a-2d)$
반원	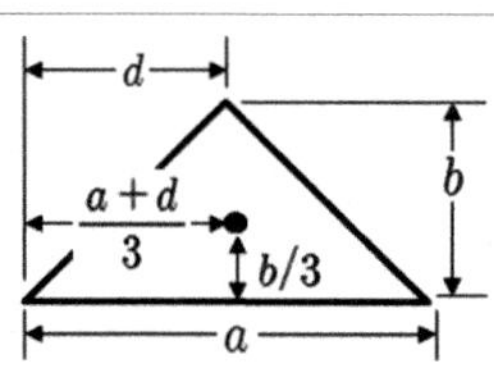	$A = \frac{\pi r^2}{2}$	$y_c = \frac{4r}{3\pi}$	$I_{xc} = \pi r^4/8$ $I_{xyc} = 0$

● : 형상의 도심

따라서

$$x_R = x_c + \frac{I_{xyc}}{y_c A} \tag{2-13b}$$

식 2-13으로부터 작용점은 면적의 도심보다 항상 아래에 위치한다는 것을 알 수 있다. 표 2-2는 다양한 형상에 대한 기하학적 특성을 나타낸 것이다.

예를 들어, 그림 2-6과 같은 상황에 대하여 힘과 작용점을 구해보자. 직사각형인 수문의 크기는 $w \times L = 5m \times 4m$이고, 깊이는 $D = 2m$이며, 경사각은 $\theta = 30°$이다.

수문에 작용하는 힘의 합력은 식 (2-12)를 이용하면 다음과 같이 계산된다.

$$F_R = \rho g h_c A = \rho g\left(D/\sin\theta + \frac{L}{2}\right)\sin\theta \cdot (wL)$$

$$= 1000kg/m^3 \cdot 9.8m/s^2 \cdot \left(2m/\sin30° + \frac{4m}{2}\right)\sin30° \cdot (5m \cdot 4m)$$

$$= 588{,}000N$$

작용점을 구하기 위하여 수문의 도심을 먼저 구한다. 수문의 형상이 직사각형이므로 도심의 위치는 중앙에 있다. 따라서 다음과 같이 계산된다.

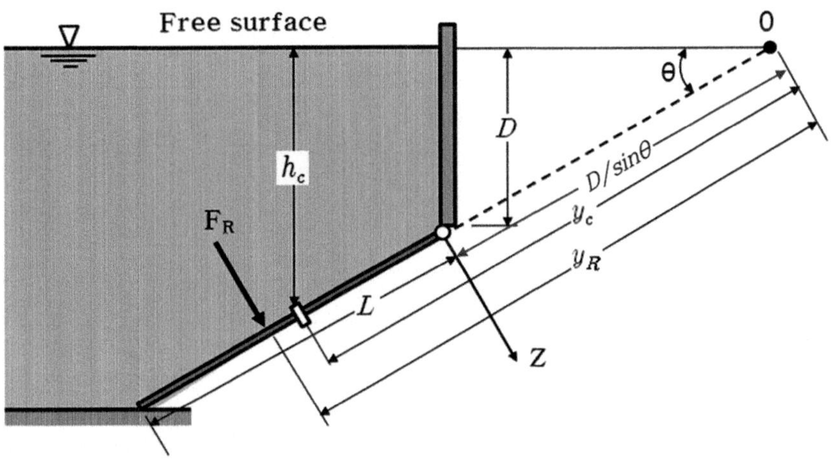

그림 2-6 경사 평면에 작용하는 힘과 작용점 계산

$$x_c = w/2 = 5/2 = 2.5\text{m}$$

$$y_c = \frac{D}{\sin 30°} + \frac{L}{2} = \frac{2}{\sin 30°} + \frac{4}{2} = 6\text{m}$$

작용점은 식 (2-13)을 적용하여 구한다. 표 2-2로부터 $I_{xyc} = 0$이므로 작용점을 계산하면 다음과 같다.

$$x_R = x_c + \frac{I_{xyc}}{y_c A} = 2.5\text{m}$$

$$I_{xc} = \frac{ab^3}{12} = \frac{wL^3}{12} = \frac{5 \times 4^3}{12} = 26.7\text{m}^4$$

$$y_R = y_c + \frac{I_{xc}}{y_c A} = 6 + \frac{26.7}{6(5 \times 4)} = 6.22\text{m}$$

즉, 합력은 $F_R = 0.588 \times 10^6 N$ 이고, y 방향 작용점(y_R)은 도심에서 아래로 22 cm인 위치이다.

예제 2-3 경사 평면에 작용하는 힘

그림과 같이 힌지로 연결된 경사면은 폭이 $w = 5\text{m}$이고, 경사각은 $\theta = 30°$이며, $D = 3\text{m}$, $L = 5\text{m}$이다. 이 경사면에 작용하는 물의 합력(F_R)과 작용점(y_R)을 구하라. 물의 밀도는 1000kg/m^3이다.

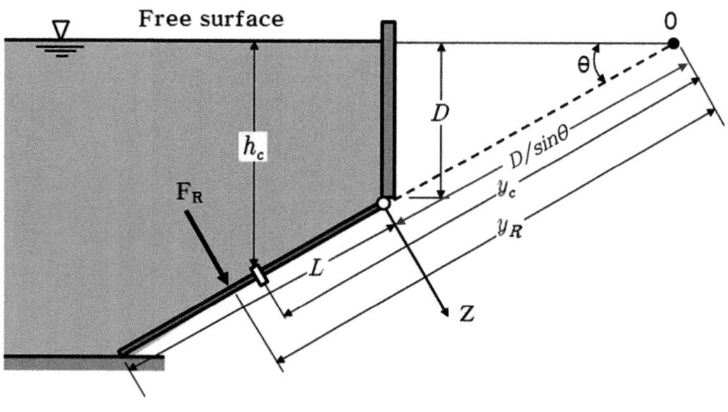

풀이 (a) 경사면에 대한 식 (2-12)를 적용하여 힘을 구하면 다음과 같다.

$$F_R = \rho g \sin\theta y_c A = \rho g h_c A = \rho g\left(\frac{D}{\sin\theta} + \frac{L}{2}\right)\sin\theta\,(wL)$$

$$= 1000\text{kg/m}^3 \cdot 9.8\text{m/s}^2 \cdot \left(\frac{3\text{m}}{\sin 30°} + \frac{5\text{m}}{2}\right)\sin 30° \cdot (5\text{m} \times 5\text{m})$$

$$= 1,041,250\text{N}$$

(b) 수문의 형상이 직사각형이므로 도심의 위치는 중앙에 있다. 그리고 작용점은 식 (9-8)을 적용하여 구한다. 표 2-2로부터 $I_{xyc} = 0$이므로 작용점을 계산하면 다음과 같다.

$$x_c = w/2 = 5/2 = 2.5\text{m}$$

$$y_c = \frac{D}{\sin 30°} + \frac{L}{2} = \frac{3}{\sin 30°} + \frac{5}{2} = 8.5\,\text{m}$$

$$x_R = \frac{I_{xyc}}{y_c A} + x_c = 2.5\text{m}$$

$$I_{xc} = \frac{ab^3}{12} = \frac{wL^3}{12} = \frac{5 \times 5^3}{12} = 52.08\text{m}^4$$

$$y_R = \frac{I_{xc}}{y_c A} + y_c = \frac{52.08}{8.5(5 \times 5)} + 8.5 = 8.75\text{m}$$

즉, 합력 $F_R = 1.0423 \times 10^6\text{N}$ 이고, y 방향 작용점(y_R)은 도심에서 아래로 25 cm 인 위치이다.

예제 2-4 수직 평면에 작용하는 힘

그림과 같이 크기가 w = 2 m, L = 1.5 m인 수직 평판이 힌지로 부착되어 있으며 깊이는 D = 2 m이다. 수직 평면에 작용하는 힘(F_R)과 작용점(y_R)을 구하라. 그리고, 수문이 열리지 않도록 버티는 힘 F도 함께 구하라. 물의 밀도는 1000kg/m^3이다.

풀이 (a) $F_R = \rho g y_c \sin\theta A = \rho g h_c A = \rho g (D + L/2) A$

$$= 1000\text{kg/m}^3 \cdot 9.8\text{m/s}^2 \cdot (2\text{m} + 1.5\text{m}/2) \cdot (2\text{m} \cdot 1.5\text{m}) = 80,850\text{N}$$

(b) $x_c = w/2 = 2\text{m}/2 = 1\text{m}$

$$y_c = D + L/2 = 2\text{m} + 1.5\text{m}/2 = 2.75\text{m}$$

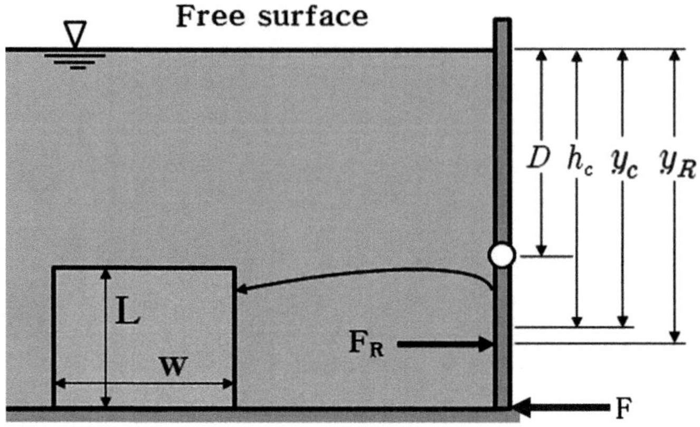

$$x_R = \frac{I_{xyc}}{y_c A} + x_c = 1\text{m} \quad [\because \text{ 직사각형 } I_{xyc} = 0]$$

$$I_{xc} = \frac{ab^3}{12} = \frac{wL^3}{12} = \frac{2 \times 1.5^3}{12} = 0.5625\text{m}^4$$

$$y_R = \frac{I_{xc}}{y_c A} + y_c = \frac{0.5625\text{m}^4}{2.75\text{m}(2\text{m} \cdot 1.5\text{m})} + 2.75\text{m} = 2.818\text{m}$$

즉, 합력은 $F_R = 80{,}850\text{N}$ 이고, y방향 작용점(y_R)은 도심에서 아래로 6.8 cm인 위치이다.

(c) 수문이 열리도록 작용하는 토크는 $F_R \cdot (y_R - D)$

수문이 열리지 않도록 버티는 토크는 $F \cdot L$

수문이 열리지 않도록 버티는 최소한의 힘은 다음의 식으로 구한다.

$$F \cdot L = F_R \cdot (y_R - D) \rightarrow F = \frac{F_R \cdot (y_R - D)}{L}$$

$$F = \frac{F_R \cdot (y_R - D)}{L} = \frac{80{,}850\text{N} \cdot (2.818\text{m} - 2\text{m})}{1.5\text{m}} = 44{,}090.2\text{N}$$

[3] 부력과 안정성

어떤 물체가 정지 유체 속에 전부 또는 일부분이 잠겨 있을 때, 그 물체는 유체로부터 수직 방향의 힘을 받게 되는데, 이 힘을 부력(buoyant force)이라 한다.

물체가 유체로부터 받는 부력(F_B)은 물속에 잠긴 부피(submerged volume, V_s) 만큼의 유체무게와 같고, 식으로 표현하면 다음과 같다. 이것을 그리스의 수학자인

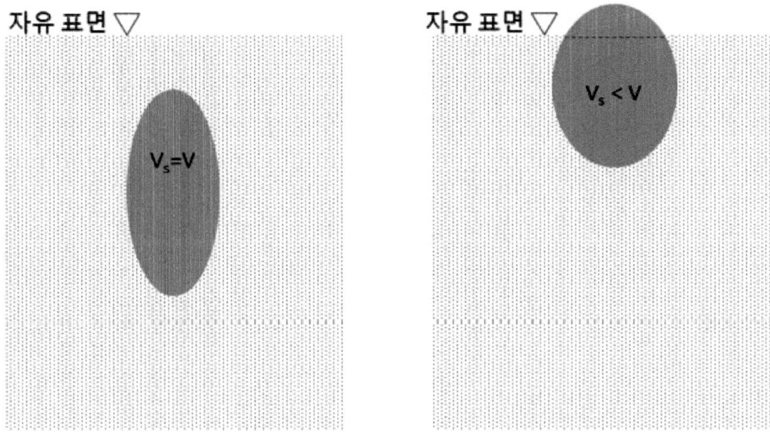

(a) 전부가 잠긴 물체 (b) 일부가 잠긴 물체

그림 2-7 전부 또는 일부가 감긴 물체의 부력(V_s : 물속에 잠긴 부피, V : 전체 부피)

Archimedes(287-212 B.C.)의 이름을 붙여 "아르키메데스의 원리"라고 부른다.

$$F_B = V_s \cdot \gamma = V_s \cdot \rho \cdot g \quad (2\text{-}14)$$

여기서 F_B는 부력, V_s는 물 속에 잠긴 부피, γ와 ρ는 각각 유체의 비중량과 밀도이다. 한편 물체에는 중력이 작용하고 있으므로, 정지한 물체에 작용하는 중력(W)과 부력(F_B)은 동일하다. 그러므로 다음의 관계식도 항상 성립한다.

$$W = F_B \quad (2\text{-}15)$$

$$V \cdot \gamma_o = V_s \cdot \gamma \quad (2\text{-}16)$$

여기서, V와 γ_o는 각각 물체의 전체 부피와 비중량이고, $V \cdot \gamma_o$는 물체에 작용하는 중력, 즉 물체의 무게, W이다.

물체에 가해지는 부력, F_B의 작용점은 물에 잠겨진 부분의 도심이고, 작용선은 작용점을 지나는 수직선이다.

부력에 의하여 떠 있는 물체를 부양체(floating body)라 한다. 부양체에는 무게의 중심점(CG점)과 부력의 중심점(c점=도심점)이 존재한다. 그림 2-8(a)와 같이 CG점이 c점보다 아래에 있는 경우, 무게의 힘(W)은 아래쪽에서 아래로 부력의 힘(F_B)은

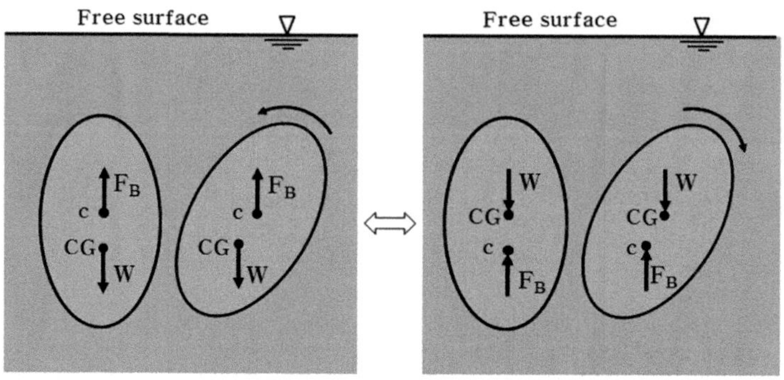

(a) 안정(Stable)　　(b) 불안정(Unstable)

그림 2-8 부양체의 안정성

위쪽에서 위로 작용하여 부양체를 원래의 위치로 복원시킨다. 그림 2-8(b)와 같이 CG점이 c점보다 위에 있는 경우, 무게의 힘(W)은 위쪽에서 아래로, 부력의 힘(F_B)은 아래쪽에서 위로 작용하므로 원래의 위치로 복원되지 못하여 부양체는 전복된다.

즉, 무게 중심이 부심보다 아래에 위치해야 그 물체는 안정하다. 이것은 일부가 물에 잠겨 있는 선박과 모두 잠겨 있는 잠수함, 그리고 공기 중에 떠있는 열기구 등에도 동일하게 적용된다.

예제 2-5 부력과 안정성

체적이 20L인 어떤 물체를 비중이 SG = 0.8인 액체 위에 놓았더니 체적의 70%가 액체 속에 잠겼다. 이 물체의 무게, 비중량 및 비중을 구하라.

풀이 물체의 무게와 부력이 평형을 이루므로, 식(2-15)와 (2-16)을 이용하여 무게, 비중량 및 비중은 다음과 같이 계산된다.

$$
\begin{aligned}
F_B &= \rho g V_s = (0.8\rho_w) \cdot g \cdot V_s \\
&= (0.8 \cdot 1000\text{kg/m}^3) \cdot 9.8\text{m/s}^2 \cdot (0.7 \cdot 0.02\text{m}^3) \\
&= 109.76\text{N} = 11.2\text{kg}_f
\end{aligned}
$$

무게 W = 부력 F_B이므로 무게는 109.76N이다.

$$\text{비중량} = \frac{\text{무게}}{\text{체적}} = \frac{109.76\text{N}}{0.02\text{m}^3} = 5488\text{N/m}^3$$

$$\text{비중} = \frac{\text{물체의 비중량}}{\text{물의 비중량}} = \frac{5488\text{N/m}^3}{1000\text{kg/m}^3 \cdot 9.8\text{m/s}^2} = 0.56$$

유체의 비중 0.8과 물체가 잠긴 부피비 0.7의 곱이 0.56인 것에 대해서도 생각해 보자.

연습문제

[1] 그림과 같은 수압기에서 $D_1 = 2cm$, $D_2 = 8cm$이고, 왼쪽 피스톤에 가해지는 힘이 $W_1 = 3kN$일 때, 이것과 평형을 이룰 수 있는 W_2의 추의 무게를 구하라.

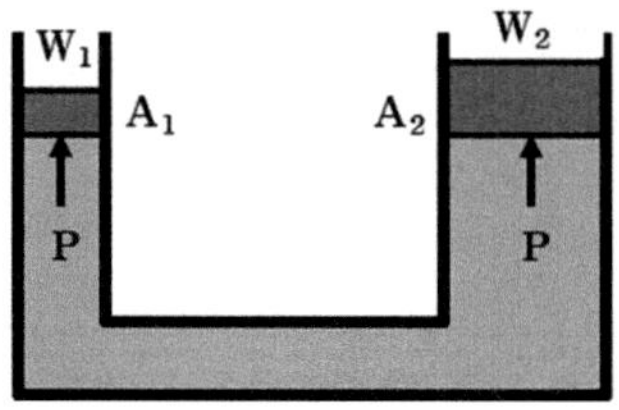

[2] $h_1 = 50cm$, $h_2 = 42cm$일 때, 물의 게이지압력을 구하라. 여기서 물의 밀도는 $\rho_w = 1000kg/m^3$이며 수은의 비중은 SG = 13.6이다.

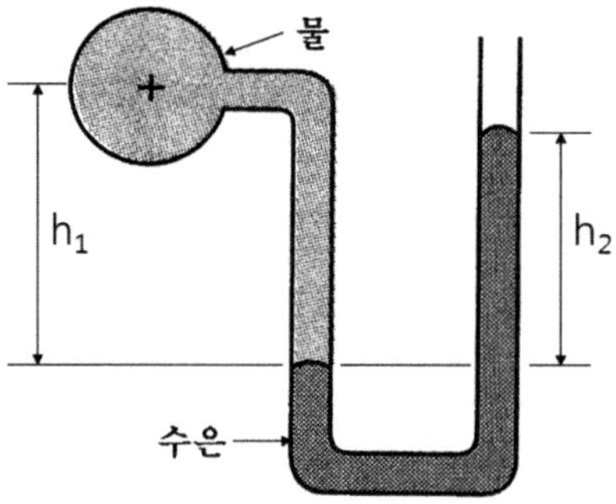

[3] 그림에서 파이프 A와 파이프 D를 통하여 물이 흐르고 있다. B 부분에는 수은($SG = 13.6$)이, C 부분에는 비중이 SG = 0.85인 기름이 담겨있다. 그리고 $h_{12} = 25cm$, $h_{23} = 30cm$, $h_{34} = 8cm$, $h_{45} = 10cm$이다. 두 파이프 사이의 압력차($\Delta p = p_D - p_A$)를 구하라.

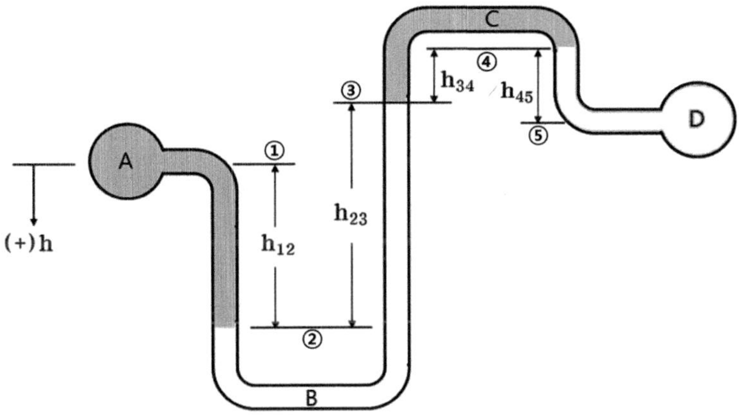

[4] 그림과 같이 크기가 $2\text{m} \times 4\text{m}$ 인 평판이 깊이 $h = 3\text{m}$ 의 물속에 잠겨있다. 평판에 작용하는 압력 및 평판의 한쪽 면에 작용하는 힘을 구하라.

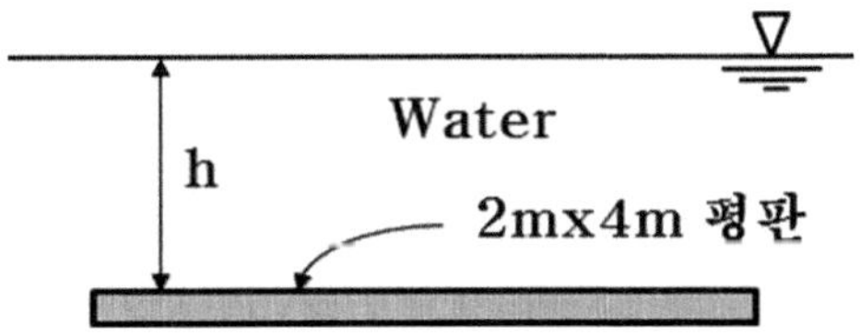

[5] 그림과 같이 크기가 $w = 3\text{m}$, $L = 2\text{m}$ 인 수직 평판이 힌지로 부착되어 있으며 깊이는 $D = 4\text{m}$ 이다. 수직 평면에 작용하는 힘(F_R)과 작용점(y_R)을 구하라. 물의 밀도는 1000kg/m^3 이다.

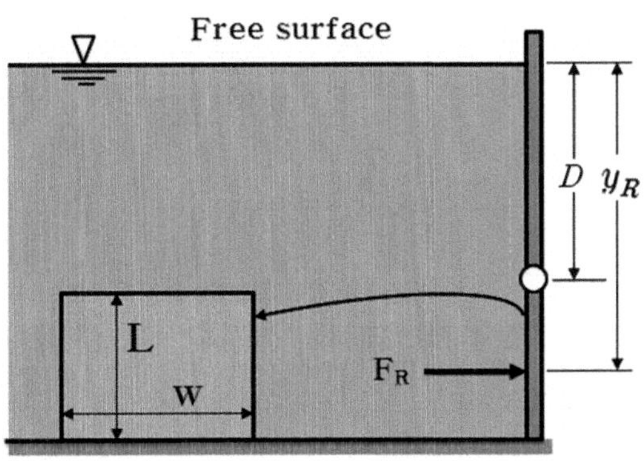

[6] 그림과 같이 힌지로 연결된 경사면은 폭이 $w = 4m$이고, 경사각은 $\theta = 25°$이며, $D = 2m$, $L = 3m$이다. 이 경사면에 작용하는 힘(F_R)과 작용점(y_R)을 구하라. 물의 밀도는 $1000kg/m^3$이다.

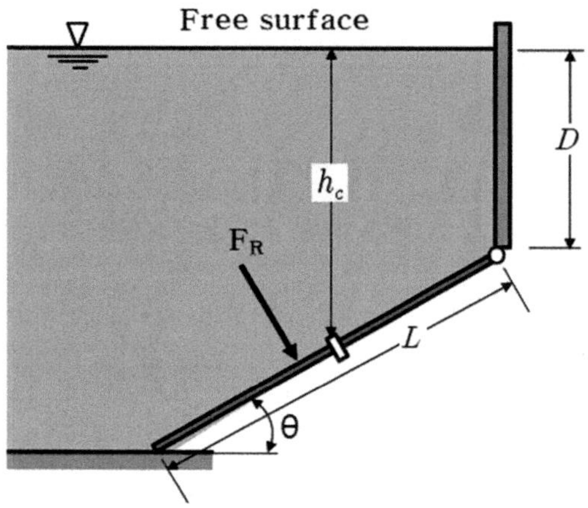

[7] 그림과 같이 체적이 50L인 어떤 물체를 비중이 SG = 0.85인 액체 위에 놓았더니 체적의 80%가 액체 속에 잠겼다. 이 물체의 무게를 구하라.

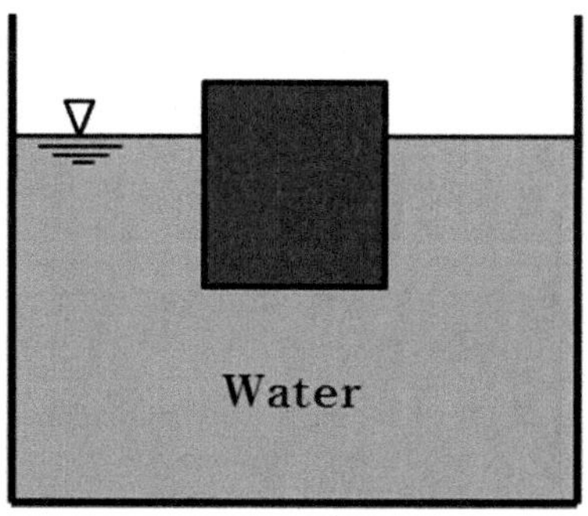

[8] 그림과 같이 직경이 2m, 무게가 12kN인 구가 케이블에 의해 고정되어 있다. 케이블에 작용하는 장력(tension, T)을 구하라. 해수의 비중량은 10.1kN/m^3이며, 구의 체적은 $\pi D^3/6$이다.

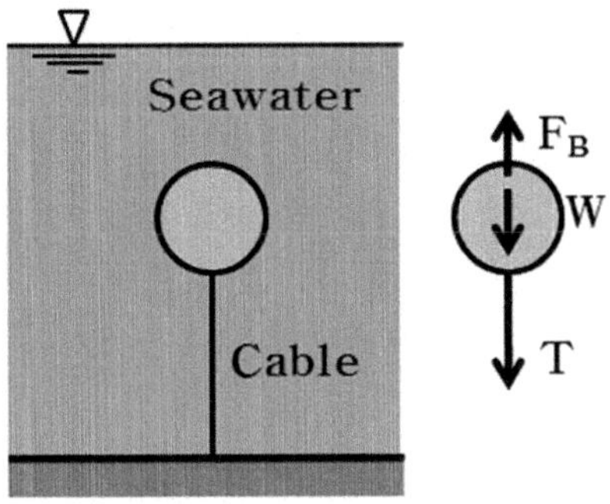

제 3 장

유체 동역학

이 장에서는 운동하고 있는 유체, 즉 흐르고 있는 유체를 다룬다. 유체의 흐름에 관한 해석이 어려운 것은 점성과 압축성 때문인데, 이 장에서는 이들 효과를 무시한 이상 유체(ideal fluid)에 대해서 다루기로 한다.

물리학의 가장 기본적인 보존 법칙은 질량 보존 법칙과 에너지 보존 법칙이다. 이 장을 통하여 질량 보존 법칙을 흐르는 유체에 적용하여 연속방정식을 유도하고, 에너지 보존 법칙을 흐르는 유체에 적용하여 오일러 방정식 및 베르누이 방정식을 유도하며, 이 방정식들의 응용 방법에 대해 다룬다.

1 유체 유동의 종류

유체의 유동은 여러 가지의 관점에서 분류할 수 있다. 유동의 유형을 분류하면 다음과 같다.

(1) 층류 유동(laminar flow)과 난류 유동(turbulent flow)
(2) 정상 유동(steady flow)과 비정상 유동(unsteady flow)
(3) 균속도 유동(uniform flow)과 비균속도 유동(nonuniform flow)
(4) 1차원 유동(1 dimensional flow), 2차원 유동(2 dimensional flow), 3차원 유동(3 dimensional flow)

[1] 층류 유동(laminar flow)과 난류 유동(turbulent flow)

층류 유동은 유체입자들이 층을 이루면서 질서 정연하게 흐르는 유동이다. 층과 층 사이에 입자의 거시적 혼합은 일어나지 않는다. 층과 층은 서로 미끄러지듯이 흐르며, 뉴턴 유체의 경우, 층과 층 사이의 마찰력은 뉴튼의 점성법칙을 따른다.

반면 난류 유동은 유체의 입자들이 매우 불규칙한 경로를 따라 회전하면서 불규칙하게 흐르는 유동을 말한다. 난류의 전단력은 층류에서의 전단력을 설명하는 식에 난류 효과를 반영하여 수식화 한다.

층류와 난류를 구분 짓는 지표로 레이놀즈(Reynolds) 수를 사용한다. 레이놀즈 수는 유동의 관성력과 점성력의 비를 의미하며, 차원과 단위가 없다. 특정 유동의 레이

| 표 3-1 | 레이놀즈수에 따를 유동 형태

Reynolds 수	유동 형태
2000 이하	층류
2000~4000	천이구역
4000 이상	난류

놀즈 수가 크다는 것은 점성이 작고, 속도, 밀도 등이 커서 관성력이 상대적으로 크다는 것을 말한다.

$$Re = \frac{\text{관성력}}{\text{점성력}} = \frac{\rho \cdot D \cdot V}{\mu} = \frac{D \cdot V}{\nu} \tag{3-1}$$

여기서, Re는 레이놀즈수, D는 관의 지름, V는 유체의 평균 유속, μ와 ν는 유체의 점성계수와 동점성계수를 의미한다. 표 3-1에 레이놀즈수에 따라 층류와 난류를 구분하였다.

[2] 정상 유동(steady flow)과 비정상 유동(unsteady flow)

정상(steady)의 의미는 시간에 따른 변화가 없다는 것이다. 정상유동은 유동의 특성이 시간에 따라 변하지 않는, 즉 시간에 무관한 유동을 의미한다. 반면, 비정상 유동은 시간에 따라 변하는 유동을 의미한다.

[3] 균속도 유동(uniform flow)과 비균속도 유동(nonuniform flow)

어떤 순간에 유동장의 모든 점에서의 속도가 위치에 상관없이 일정할 때 이 유동을 균속도 유동(uniform flow)이라고 한다. 한편, 위치에 따라 속도가 변하는 흐름을 비균속도 유동(nonuniform flow)이라고 한다.

지름이 일정하고 곧게 뻗은 원관 내부에 물 등의 실제 유체가 흐를 경우, 유속은 중앙부에서 최대이고, 벽면에서는 0이므로 엄밀하게는 균속도유동이 아니다. 그러나 유체가 단면 전체를 평균속도로 균일하게 흐르고 있다고 가정하고 균속도 유동으로 취급한다. 반면, 지름이 점차 작아지는 축소관, 지름이 점차 커지는 확대관, 구부러진 부분의 유동은 비균속도 유동이다.

균속도 유동이 시간에 따라 변화하지 않는다면, 정상 균속도 유동(steady uniform flow)이라고 하고, 시간에 따라 변화하는 균속도 유동은 비정상 균속도 유동(unsteady uniform flow)라고 한다.

[4] 1차원 유동

유체의 모든 성질과 유동의 특성이 하나의 공간좌표와 시간의 함수로 표시될수 있는 유동을 1차원 유동이라고 한다. 다시 말하자면 유체의 모든 성질과 속도 등의 유동 특성이 한 방향으로만 변하고, 다른 방향으로는 변하지 않는 유동을 1차원 유동이라고 한다. 예를 들어, 파이프 안에서의 유동을 1차원 유동이라고 할 수 있다. 이 경우, 유체의 속도는 파이프의 길이 방향으로만 달라지고, 반경 방향이나 원주 방향으로는 달라지지 않는다는 가정이 전제되어야 한다. 즉 원관을 따라 유체가 흐를 때 유동 방향에 수직한 단면 전체에서 밀도, 압력, 유속 등 유체의 성질과 유동 특성이 균일한 유동을 1차원 유동이라고 할 수 있다. 이때 원관이 구부러져 직선이 아니라 하더라도 상관없고, 지름이 점차 커지거나 줄어들어도 된다.

물이 원관 내부를 실제로 흐르고 있을 때 중앙부에서의 유속이 가장 크고, 벽면에서는 0이므로 엄밀하게는 1차원 유동이 아니다. 그러나 이 유동을 1차원 유동으로 취급하여 유체의 성질과 유동 특성은 각 단면에서의 평균값으로 균일하다고 가정하여 1차원 유동으로 취급하면 많은 이점이 있다.

2 유선(stream line)과 유적선(path line)

유체의 흐름을 직관적으로 파악하기 위하여 각 시점에서의 유선의 개념을 도입한다. 유체의 흐름이 있는 공간에서 어느 한 순간에 그려지는 유선이란 **그 시점에 이 유선상에 있는 유체입자의 속도 방향이 유선의 접선 방향과 일치하도록 그려진 가상의 연속선을 유선**(stream line)이라고 한다. 그러므로 임의의 시점에 그려진 유선은 그 유선 위의 모든 위치에서의 유체입자의 운동 방향을 지정한다. 유체의 흐름이 있는 공간에 원과 같은 임의의 폐곡선을 그려보자. 그 폐곡선 위의 모든 점에는 그 점을 지

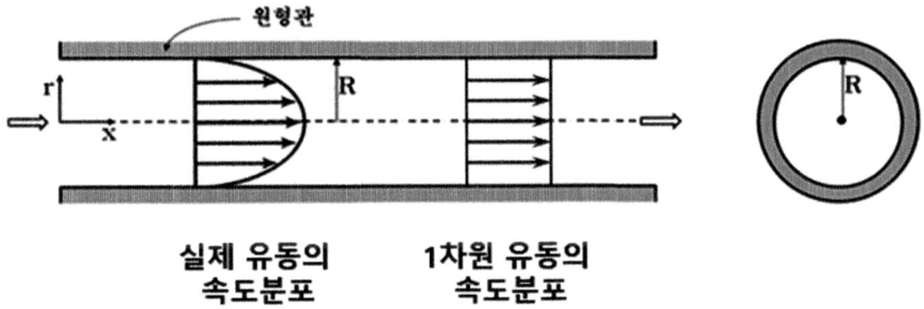

그림 3-1 실제 유동과 1차원 유동의 속도 분포

나가는 유선이 존재할 것이고 이 **유선의 집합을 경계로 하는 가상의 관**(tube)**이 하나 그려질 수 있다. 이 가상의 관을 유관**(stram tube)이라고 한다. 유관의 정의에 의해 유관의 벽을 통과하는 유체입자는 없다. 그러므로 유관은 실제의 관 벽이 경계면을 만드는 것과 같이 경계를 형성한다고 볼 수 있다. 이 관점을 역으로 생각하면 **실제의 관은 유관이 된다**.

한 유체입자가 유동 공간 상에서 이동한 경로를 유적선(path line)이라고 한다. 일반적으로 유선은 시간에 따라 변화하므로 한 유체입자의 경로, 즉 유적선은 유선과 항상 일치하지는 않는다. 유선이 시간에 따라 변화하지 않을 때, 즉 **정상 흐름**(steady flow)**인 경우에 유적선과 유선은 일치**한다.

3 유량, 질량유량, 중량유량

그림 3-2는 단면적이 A[m^2]인 원형 관에 밀도가 ρ인 유체가 초속 V [m/s]로 유입되고 있는 그림이다. 1초마다 배관으로 유입되는 유체의 부피는 A · V [m^3]이다. 이 양을 원형관으로 유입되는 유체의 부피 유량(volume flow rate)이라고 정의하고, Q라고 하면 부피 유량은 다음의 식과 같다.

$$Q = A \cdot V \tag{3-2}$$

식(3-2)의 부피 유량을 단순히 유량으로 줄여서 말하는 경우가 많다.

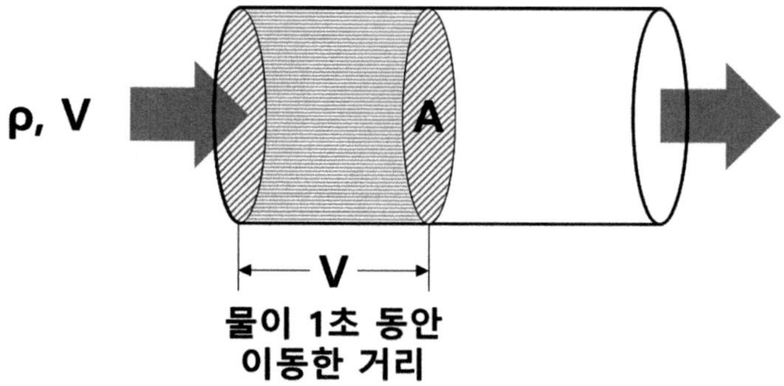

그림 3-2 유량

질량유량(mass flow rate)을 $\dot{m}$이라 표기하고, 다음의 식과 같다.

$$\dot{m} = \rho \cdot Q = \rho \cdot A \cdot V \tag{3-3}$$

이 식으로부터 부피유량에 밀도를 곱하면 질량유량이 되는 것을 알 수 있다. 이것은 부피에 밀도를 곱하면 질량이 되는 것과 같은 이치이다.

중량유량(weight flow rate)은 질량유량에 중력가속도를 곱하여 구한다. 중량 유량을 G라고 하면 중량 유량은 다음의 식과 같다.

$$G = g \cdot \dot{m} = g \cdot \rho \cdot Q = g \cdot \rho \cdot A \cdot V \tag{3-4}$$

표 3-2에는 각 유량의 정의, 기호, 자주 사용되는 단위를 나타내었다.

| 표 3-2 | 유량의 종류와 단위

	정의	기호	SI단위	그 외 단위
부피 유량	단위시간 당 유동한 부피	Q	m^3/s	m^3/min(CMM), m^3/h(CMH) L/s(LPS), L/min(LPM), L/h(LPH)
질량 유량	단위시간 당 유동한 질량	$\dot{m}$	kg/s	kg/min, kg/h
중량 유량	단위시간 당 유동한 중량	G	N/s	N/min, N/h kg_f/s, kg_f/min, kg_f/h

4 연속 방정식(continuity equation)

연속방정식은 질량보존의 법칙을 유체의 흐름에 적용하여 만들어 낸 식이다. 어떤 계에 흘러 들어오는 질량 유량은 흘러 나가는 질량 유량과 저장되는 질량의 변화율을 합한 값과 같다. 이를 수식으로 표현하면 다음과 같다.

$$\dot{m}_{in} = \dot{m}_{out} + \frac{dm_s}{dt} \tag{3-5}$$

식(3-5)를 연속방정식이라고 한다. 여기서 $\dot{m}_{in}$은 외부에서 계(system)로 흘러들어오는 질량 유량, $\dot{m}_{out}$은 계로부터 외부로 빠져나가는 질량 유량, 그리고 m_s와 $\frac{dm_s}{dt}$는 각각 계 내부에 축적된 유체의 질량과 그 유체 질량의 변화율이다. 공동 주택의 급수용 물탱크를 계라고 가정하면 $\dot{m}_{in}$은 상수도로부터 물탱크로 공급되는 물의 질량 유량, $\dot{m}_{out}$은 공동 주택의 거주자들이 물을 사용함에 따라 물탱크를 빠져나가는 물의 질량 유량, 그리고 m_s와 $\frac{dm_s}{dt}$는 물탱크에 저장된 물의 질량과 물탱크에 저장된 물의 질량 변화율을 의미한다. 만약 상수도로부터 공급되는 물의 질량 유량, $\dot{m}_{in}$이 사용되는 물의 질량유량, $\dot{m}_{out}$보다 많다면 $\frac{dm_s}{dt}$는 양의 값을 가지며, 물 탱크의 저장된 물의 양이 늘어난다. 반대로 상수도로부터 공급되는 물의 질량 유량보다 더 많은 물을 사용한다면 $\frac{dm_s}{dt}$는 음의 값을 가지며, 물 탱크의 저장된 물의 양은 줄어들 것이다. 만약 공급되는 물의 질량 유량과 사용되는 물의 질량 유량이 같다면, 즉 $\dot{m}_{in} = \dot{m}_{out}$라면 물탱크에 저장된 물의 양은 변하지 않을 것이다. 저장된 물의 양, m_s가 시간과 무관하게 일정하다. 즉 $\frac{dm_s}{dt} = 0$이다. 계의 질량이 변하지 않는 경우의 연속방정식은 다음과 같다.

$$\dot{m}_{in} = \dot{m}_{out} \tag{3-6}$$

이 식은 입구로 유입되는 유체의 질량유량과 출구로부터 유출되는 실량유량이 동일하다는 것을 뜻한다.

식(3-6)의 양변에 중력가속도를 곱하고 정리하면 다음과 같은 식을 얻을 수 있다.

$$g \cdot \dot{m}_{in} = g \cdot \dot{m}_{out} \quad \Rightarrow \quad G_{in} = G_{out} \tag{3-7}$$

식(3-6)에 식(3-3)을 적용하면 다음 식을 얻을 수 있다.

$$\rho_{in} \cdot A_{in} \cdot V_{in} = \rho_{out} \cdot A_{out} \cdot V_{out} \tag{3-8}$$

만약, 밀도가 일정한 비압축성 유동이라고 하면 $\rho_{in} = \rho_{out}$이므로 식(3-8)은 다음과 같이 간략화 될 수 있다.

$$A_{in} \cdot V_{in} = A_{out} \cdot V_{out} \Rightarrow Q_{in} = Q_{out} \tag{3-9}$$

식(3-6), (3-7), (3-8)은 정상유동, 균일유동 조건에서 사용할 수 있는 연속방정식이며, 식(3-9)는 비압축성 유동이라는 조건이 추가로 만족 될 때 사용할 수 있는 연속방정식이다. 식(3-9)는 공기 등의 압축성 유체도 입구와 출구에서의 압력과 온도가 같거나 변화가 크지 않을 때는 사용 가능하다.

예제 3-1 연속방정식(면적 일정)

지름이 3 cm인 원형 관에서 물이 2 kg/s의 유량으로 흘러가고 있다. 물의 체적유량 및 평균속도를 구하라. 물의 온도는 20℃이다.

풀이 식(3-3)으로부터,

$$Q = \frac{\dot{m}}{\rho} = \frac{2kg/s}{1000kg/m^3} = 0.002m^3/s = 2L/s$$

$$V = \frac{Q}{A} = \frac{Q}{\frac{\pi D^2}{4}} = \frac{0.002m^3/s}{\frac{\pi (0.03m)^2}{4}} = 2.829m/s$$

예제 3-2 연속방정식(면적 변화)

면적이 변하는 원형 관에서 물이 5 kg/s의 유량으로 유동하고 있다. 입구의 지름 D_1은 5 cm이고, 입구와 출구 직경비가 $D_2/D_1 = 0.4$일 때, 속도비(V_2/V_1) 및 출구 속도를 구하라. 물의 온도는 25℃이다.

풀이 식(3-3)을 이용하여 입구의 유속을 먼저 구한다.

$$\dot{m}_1 = \rho V_1 A_1$$

따라서

$$V_1 = \frac{\dot{m}_1}{\rho A_1} = \frac{5\text{kg/s}}{1000\text{kg/m}^3 \cdot \dfrac{\pi(0.05\text{m})^2}{4}} = 2.55\text{m/s}$$

물은 비압축성 유체로 취급할 수 있으므로 식(3-3)과 식(3-9)로부터,

$$V_1 A_1 = V_2 A_2,$$

따라서

$$V_2 = \frac{A_1}{A_2} \cdot V_1 = \frac{\dfrac{\pi D_1^2}{4}}{\dfrac{\pi D_2^2}{4}} \cdot V_1 = \left(\frac{D_1}{D_2}\right)^2 \cdot V_1 = \left(\frac{D_1}{0.4D_1}\right)^2 \cdot V_1$$

$$= \left(\frac{1}{0.4}\right)^2 \cdot 2.55\ \text{m/s} = 15.94\ \text{m/s}$$

5 오일러의 운동방정식(Euler's equation of motion)

그림 3-3과 같이 이상 유체가 유선을 따라 정상상태로 흐르고 있는 상황을 생각해 보자. 유선을 따라 흐르고 있는 미소 질량 dm의 단면적은 dA이고 길이는 ds이다. ds는 dm이 미소 시간 dt 동안 이동하는 거리로 선택한다. 여기서 정상상태가 의미하는 것은 유선과 유적선이 일치한다는 것이다.

미소 질량 dm에 유선방향으로 작용하는 모든 힘의 합력(ΣF)은 미소 질량이 가지는 유선 방향 운동량($dm \cdot v$)의 시간에 따른 변화율과 같다는 뉴턴의 운동법칙에 따르면 다음의 식을 얻을 수 있다.

$$\Sigma F = \frac{d(dm \cdot v)}{dt} = dm \cdot \frac{dv}{dt} \tag{3-10}$$

식(3-10)의 좌변을 먼저 구한다. 이상 유체는 점성이 없으므로 전단력이 없다. 따라

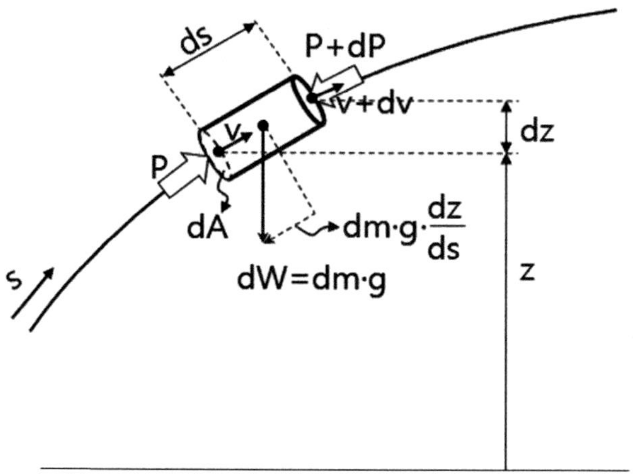

그림 3-3 유선을 따라 흐르는 비점성 유체의 미소 체적에 작용하는 힘

서 미소 질량에 작용하는 힘은 미소 체적의 표면에 수직한 방향의 압력과 중력이 전부이다.

$$\Sigma F = p \cdot dA - (p + dp)dA - dm \cdot g \cdot \frac{dz}{ds} \tag{3-11}$$

식(3-11)의 우변의 $p \cdot dA$는 미소 질량 dm을 s 방향으로 밀어주는 압력에 의한 힘, $(p + dp)dA$는 미소 질량 dm에 s의 반대 방향으로 작용하는 압력에 의한 힘, $g \cdot dm \cdot \frac{dz}{ds}$는 미소 질량 dm에 작용하는 중력 중에서 s의 반대 방향으로 작용하는 힘을 의미한다. $dm = \rho \cdot dA \cdot ds$이므로 이것을 식(3-11)에 대입하면

$$\begin{aligned}\Sigma F &= p \cdot dA - (p + dp)dA - (\rho \cdot dA \cdot ds) \cdot g \cdot \frac{dz}{ds} \\ &= -dp \cdot dA - \rho \cdot dA \cdot g \cdot dz\end{aligned} \tag{3-12}$$

식(3-10)의 우변은 다음과 같다.

$$dm \cdot \frac{dv}{dt} = (\rho \cdot dA \cdot ds) \cdot \frac{ds}{dt}\frac{dv}{ds} = (\rho \cdot dA \cdot ds) \cdot v\frac{dv}{ds} \tag{3-13}$$

식(3-12)와 식(3-13)을 식(3-10)에 대입하면

$$-dp \cdot dA - g \cdot \rho \cdot dA \cdot dz = \rho \cdot dA \cdot ds \cdot v\frac{dv}{ds}$$

이고, 정리하면 다음 식을 얻을 수 있다.

$$\frac{1}{\rho}\frac{dp}{ds} + v\frac{dv}{ds} + g\frac{dz}{ds} = 0 \qquad (3\text{-}14a)$$

$$\frac{dp}{\rho} + vdv + gdz = 0 \qquad (3\text{-}14b)$$

식(3-14)는 정상상태로 유동하는 점성이 없는 유체에 뉴턴의 운동법칙을 적용하여 얻어낸 운동방정식으로써 오일러의 운동방정식(Euler's equation of motion)이라고 한다. 이 식은 유체가 유선을 따라 마찰 없이 유동할 때 에너지의 변화는 없다는 것을 의미한다.

유선을 따른 오일러의 방정식은 다음 세 가지의 가정을 할 수 있는 상황에 적용할 수 있다.

오일러 방정식의 적용 조건 ;

① 유선을 따르는 유동

② 정상 유동

③ 마찰이 없는 유동

6 베르누이 방정식(Bernoulli equation)

오일러의 운동방정식 (3-14b)를 유선을 따라 일정 구간에 대해 적분하면 다음 식을 얻는다.

$$\int \frac{dp}{\rho} + \int vdv + \int gdz = \text{일정} \qquad (3\text{-}15)$$

이 식은 비점성 유체가 유선을 따라 유동할 때 에너지의 총합이 일정하다는 것을 의미한다. 만약 비압축성 유동일 경우 식(3-15)는 쉽게 적분되며, 그 결과는 다음과 같다.

$$\frac{p}{\rho}+\frac{1}{2}v^2+gz=\text{일정}$$

$$\frac{p_1}{\rho}+\frac{1}{2}v_1^2+gz_1=\frac{p_2}{\rho}+\frac{1}{2}v_2^2+gz_2$$

위 식의 양변을 중력가속도 g로 나누면 z와 같은 [m] 단위가 되어 직관적으로 이해하기 쉬운 물리량이 된다.

$$\frac{p}{\gamma}+\frac{v^2}{2g}+z=\frac{\text{일정}}{g}=H \tag{3-16a}$$

$$\frac{p_1}{\gamma}+\frac{v_1^2}{2g}+z_1=\frac{p_2}{\gamma}+\frac{v_2^2}{2g}+z_2=H \tag{3-16b}$$

여기서,

p, p_1, p_2 : 유선 위 임의의 위치에서의 압력, 1, 2번 위치에서의 압력

v, v_1, v_2 : 유선 위 임의의 위치에서의 유속, 1, 2번 위치에서의 유속

z, z_1, z_2 : 유선 위 임의의 위치의 높이, 1, 2번 위치의 높이
높이를 정의하는 기준은 임의로 정할 수 있다.

γ : 유체의 비중량. 밀도와 중력가속도의 곱. $\gamma=\rho g$

식(3-16)을 베르누이 방정식이라고 하며, 베르누이 방정식의 각 항을 수두(head)라고 한다.

$\frac{p}{\gamma}$: 압력수두(pressure head) [m] (3-17a)

$\frac{v^2}{2g}$: 속도수두(velocity head) [m] (3-17b)

z : 위치수두(potential head) [m] (3-17c)

H : 전수두(total head) [m] (3-17d)

압력수두, 속도수두, 위치수두는 위치에 따라 달라질 수 있지만, 마찰에 의한 손실

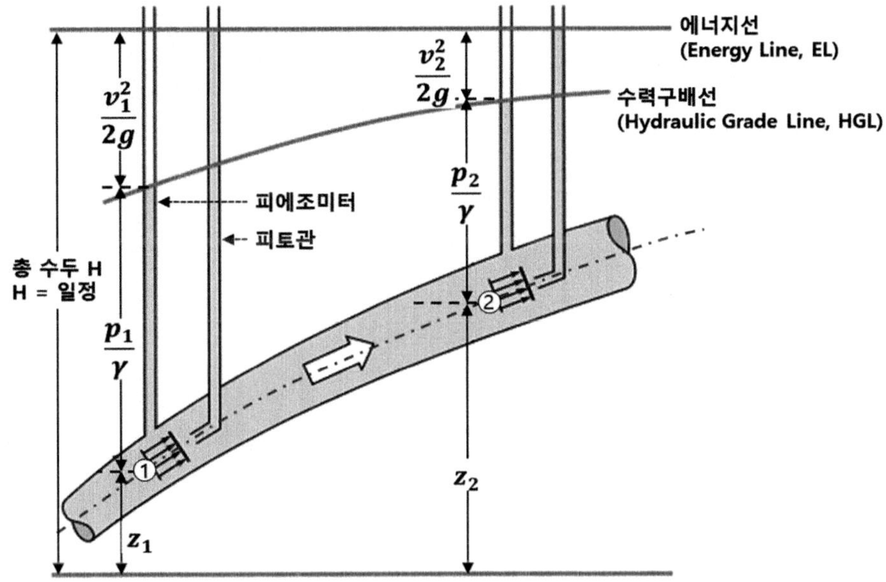

그림 3-4 베르누이 방정식

이 없다면 세 값의 합인 전수두 H는 항상 일정한 값으로 보존된다.

앞에서 설명한 바와 같이 식(3-17)의 각 수두의 단위는 거리의 단위 [m]이지만, 이 값은 단순한 두 지점 사이의 거리가 아니다. 이 값들은 수주의 높이나 물속의 깊이로 생각할 수 있으며, 해당 유체의 비중량을 곱하면 압력 또는 단위 부피당 에너지가 된다.

그림 3-4에서 ①, ②에 위치한 피에조미터의 액주의 높이는 각 위치의 유체의 압력수두를 나타내고, 이 액주의 정점을 잇는 선은 압력(정압)과 위치에너지를 합한 값을 대변하며, 이 선을 수력구배선(Hydraulic Grade Line, HGL)이라고 한다. 이 그림에서 피토관의 액주의 높이는 피에조미터의 액주의 높이보다 속도수두 만큼 더 높고, 이 액주의 정점을 이은 선을 에너지선이라고 하며, 마찰이 없는 경우 이 값은 보존된다.

베르누이 방정식은 오일러의 운동 방정식에서 유도되었으며, 유도 과정에서 비압축성 유체라는 가정이 추가되었다. 그러므로 베르누이 방정식의 사용 조건은 다음과 같다.

베르누이 방정식의 적용 조건 ;

① **유선을 따르는 유동**

② **정상 유동**

③ **마찰이 없는 유동**

④ **비압축성 유동**

일반적으로 모든 액체의 유동은 비압축성 유동으로 취급하여도 무방하다. 기체의 경우, 마하(Mach)수에 따라 비압축성 또는 압축성 유동으로 구분되는데, 기체의 유동은 마하수가 0.3 이하일 때 비압축성 유동으로 간주한다. 공기는 약 100 m/s의 속도에 해당한다.

7 정압, 동압, 전압

[1] 정압 측정

베르누이 방정식에서 사용된 압력 P는 열역학적 압력이며, 보통은 정압(static pressure)이라 부른다. 풍선을 누르면 풍선 내부로부터 반발력이 생기는데, 풍선의 형상을 유지하려고 하는 내부의 반발력과 관련된 압력을 정압이라 할 수 있으며, 한 점에서의 정압은 모든 방향으로 동일하다.

직선 형태의 유선에 수직한 방향으로는 압력 변화가 없다는 사실을 이용하면 유동 중에 있는 유체의 정압을 측정할 수 있다. 그림 3-5(a)와 같은 파이프에서 유선이 직선인 곳인 매끈한 벽면에 정확히 수직이 되도록 수 mm 이하의 작은 구멍(압력 탭)을 뚫고 이곳에 마노미터와 같은 측정 기구를 설치하면 정압 측정이 가능하다.

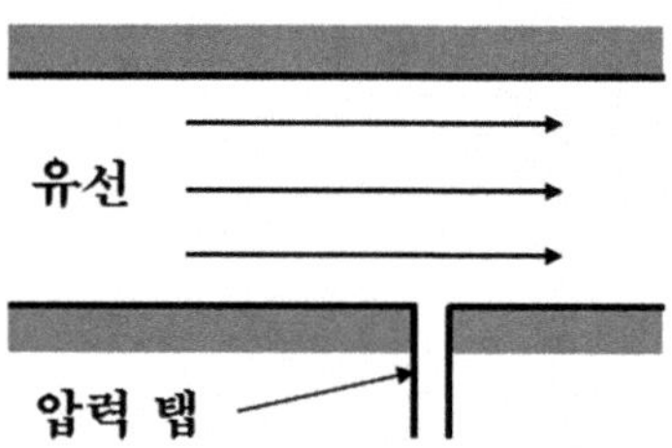

(a) 압력 탭

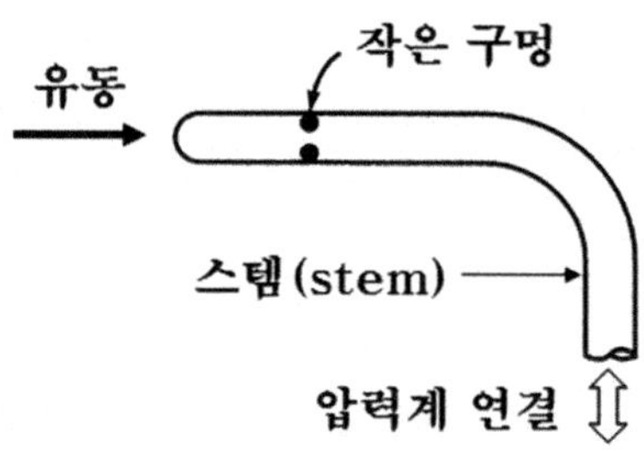

(b) 정압 탐침

그림 3-5 정압의 측정

벽면에 압력 탭(pressure tap)을 설치할 수 없는 벽에서 멀리 떨어진 유동장의 정압이나 곡선 형태의 유선을 가지는 유동의 정압은 그림 3-5(b)와 같이 정압 탐침(probe)을 사용하면 정밀하게 측정할 수 있다.

[2] 전압 측정

전압(total pressure) 또는 정체압(stagnation pressure)은 수평으로 유지된 유선에서 속도가 영(0)인 점(정체점)에서의 압력이다. 전압은 그림 3-6처럼 전단에 구멍이 뚫린 탐침을 상류 쪽으로 설치하면 측정할 수 있으며, 이러한 탐침을 피토관(pitot tube)이라 부른다.

베르누이 방정식을 속도가 0인 지점($V_0 = 0$)과 속도가 V인 두 지점에 대하여 적용하면 식은 다음과 같이 정리된다. 두 지점의 고도는 동일($z_0 = z$)하다.

$$\frac{P_0}{\rho} + \frac{V_0^2}{2} + z_0 = \frac{P}{\rho} + \frac{V^2}{2} + z$$

따라서

$$P_0 = P + \frac{\rho V^2}{2} = \text{정압} + \text{동압} \tag{3-18a}$$

또는

$$V = \left[\frac{2(P_0 - P)}{\rho}\right]^{1/2} \tag{3-18b}$$

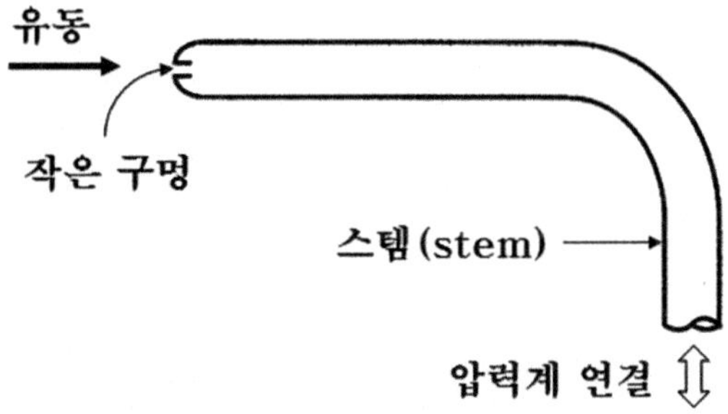

그림 3-6 전압의 측정

식 (3-18a)는 전압(P_0)을 정의하는 수학적인 표현이며 전압은 정압과 동압의 합이다. 식에서 "$\rho V^2/2$"항은 보통 동압(dynamic pressure)이라고 한다. 바람이 세차게 불 때 바람에 마주 서면 몸이 뒤로 밀리는 것을 느낄 수 있는데, 몸이 뒤로 밀리게 하는 힘과 관련된 압력을 동압이라고 할 수 있으며, 유동 방향과 동일하며, 측정할 때 방향에 유의해야 한다.

한 점에서 전압과 정압을 측정할 수 있다면 식(3-18b)를 이용하여 측정점에서의 유동 속도를 구할 수 있다.

[3] 정압과 전압의 동시 측정

한 점에서 정압과 전압을 동시에 측정할 수도 있으며 그림 3-7에서 이러한 측정 기구를 보여주고 있다. 왼쪽 그림에서 A점의 정압은 압력 탭으로, 전압은 총수두관(피토관)으로 측정한다. 오른쪽 그림의 피토-정압관은 두 개의 탐침을 결합한 것이다. 피토-정압관은 이중관 구조로 만들어지는데, 전압은 B점의 안쪽 관으로, 정압은 C점의 바깥쪽 관으로 측정한다. B점과 C점의 정압은 같다고 가정($P_B = P_C$)한다. 피토관이나 피토-정압관을 유동과 수평한 방향으로 잘 정렬하여야 전압을 정확히 측정할 수 있다.

예를 들어, 그림 3-8과 같이 파이프 내에 피토관을 설치하여 표준상태의 공기 유동에 대한 정압과 정체압을 측정하는 상황을 고려해 보자. 측정된 정체압(전압)과 정압의 차이는 수은(SG = 13.6)주 높이 h = 3 mm로 나타났다. 이때 공기 유동속도를 계산해 보자.

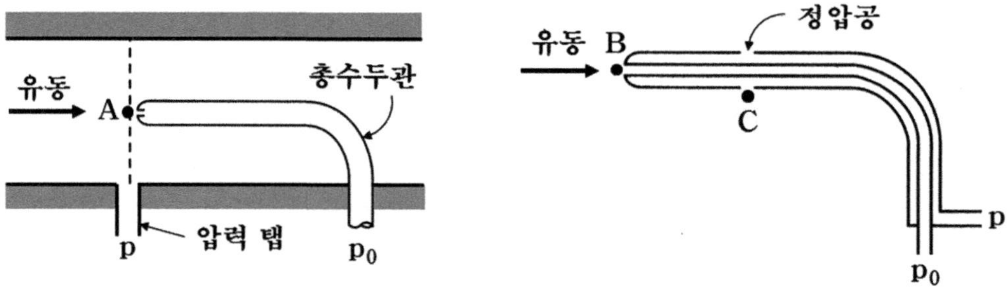

(a) 정압 탭과 총수두관 (b) 피토-정압관

그림 3-7 정압과 전압 동시 측정

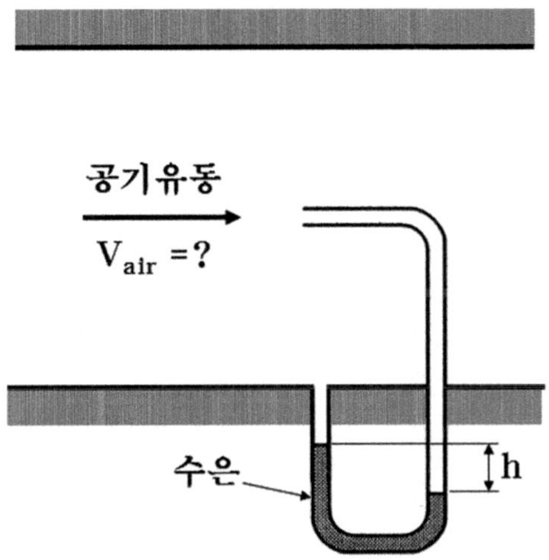

그림 3-8 공기의 속도 측정

식 (3-18b)를 이용하면 공기의 유동속도를 계산할 수 있다. 식에서 압력차는 다음과 같이 계산된다.

$$\Delta P = P_0 - P = \rho_{Hg} \cdot g \cdot h = (\rho_{water} \cdot SG_{Hg}) \cdot g \cdot h$$
$$= (1000kg/m^3 \cdot 13.6) \cdot 9.8m/s^2 \cdot 0.003m = 399.84Pa$$

따라서

$$V = \left[\frac{2(P_0 - P)}{\rho_{air}}\right]^{1/2} = \left(\frac{2 \times 399.84Pa}{1.23kg/m^3}\right)^{0.5} = 25.5m/s$$

예제 3-3 압력수두 및 속도수두

원형관 내의 임의의 위치에서 유동하는 물의 정압 및 속도를 측정하였더니 각각 500 kPa, 15 m/s로 나타났다. 물의 압력수두와 속도수두를 구하라.

풀이 압력수두 $= \frac{P}{\rho g} = \frac{500,000Pa}{1000kg/m^3 \cdot 9.8m/s^2} = 51.0m$

속도수두 $= \frac{V^2}{2g} = \frac{(15m/s)^2}{2 \cdot 9.8m/s^2} = 11.48m$

8 베르누이 방정식의 응용

베르누이 방정식은 식(3-16)이며 제한 조건은 ① 유선을 따르는 유동, ② 정상유동, ③ 마찰없는 유동, ④ 비압축성 유동이다. 따라서 식을 사용하기 전에 주어진 조건을 검토해야 한다.

[1] 노즐 내의 유동

그림 3-9와 같이 수평으로 놓인 노즐(nozzle)을 통하여 공기가 유동하고 있다. 조건은 그림과 같으며, 출구속도 $V_2 = 40\text{m/s}$를 얻기 위해서 입구에서 요구되는 게이지 압력($P_{1,\text{gage}}$)을 계산해 보자.

먼저 적용 조건을 확인하면 다음과 같다. ① 유선을 따라 공기가 흐르고, ② 시간에 따라 변하지 않는 정상유동이며, ③ 마찰의 영향은 거의 없고, ④ 출구속도가 40 m/s (100 m/s 이하)이므로 비압축성 유동이다. 4개의 조건이 만족되므로 베르누이 방정식과 연속방정식을 적용할 수 있다. 두 위치 사이에 고도 차이는 없으므로 식은 다음과 같이 정리된다.

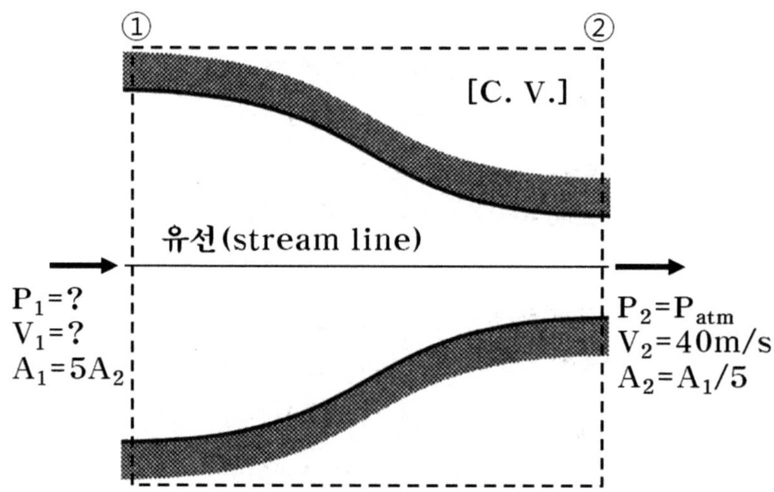

그림 3-9 노즐 내의 공기유동

$$\frac{P_1}{\rho g}+\frac{V_1^2}{2g}=\frac{P_2}{\rho g}+\frac{V_2^2}{2g} \quad \rightarrow \quad P_1-P_2=P_1-P_{atm}=P_{1,g}=\frac{\rho\left(V_2^2-V_1^2\right)}{2}$$

그리고, Q는 일정하므로

따라서

$$P_{1,g}=\frac{\rho}{2}\left\{V_2^2-\left(V_2\frac{A_2}{A_1}\right)^2\right\}=\frac{\rho V_2^2}{2}\left\{1-\left(\frac{A_2}{A_1}\right)^2\right\} \tag{3-19}$$

주어진 값을 대입하고 계산하면 입구에서 요구되는 게이지(gage) 압력을 구할 수 있다. 본 문제는 주어진 조건을 확인하고 Bernoulli 방정식과 연속방정식을 응용한 대표적인 예이다.

예제 3-4 노즐(nozzle) 유동

그림 3-9와 같은 노즐 내의 유동을 고려한다. 입구의 직경은 6 cm, 출구의 직경은 2 cm이며, 물(10℃)의 체적유량은 2 L/s이다. 유동에 필요한 입구의 게이지압력($P_{1,g}$)을 구하라.

풀이 적용식 ; 식(3-19)

$$P_{1,g}=P_1-P_{atm}=\frac{\rho V_2^2}{2}\left\{1-\left(\frac{A_2}{A_1}\right)^2\right\}$$

여기서

$$\frac{A_2}{A_1}=\left(\frac{D_2}{D_1}\right)^2=\left(\frac{2}{6}\right)^2=0.111,\quad V_2=\frac{Q}{A_2}=\frac{0.002\mathrm{m^3/s}}{\pi(0.02\mathrm{m})^2/4}=6.366\mathrm{m/s}$$

따라서

$$P_{1,g}=\frac{1000\mathrm{kg/m^3}\cdot(6.366\mathrm{m/s})^2}{2}\{1-(0.111)^2\}$$

$$=20{,}013.32\mathrm{Pa}=20.01\mathrm{kPa}$$

예제 3-5 벤추리관 유동

그림과 같은 벤추리(venturi)관을 통하여 기름(SG =0.85)이 흐르고 있다. 관의 직경은 D_1 =10 cm, D_2 =5 cm이다. 두 지점 사이의 압력차를 측정하였더니 50 kPa로 나타났다. 관을 통하여 흐르는 기름의 체적유량을 결정하라.

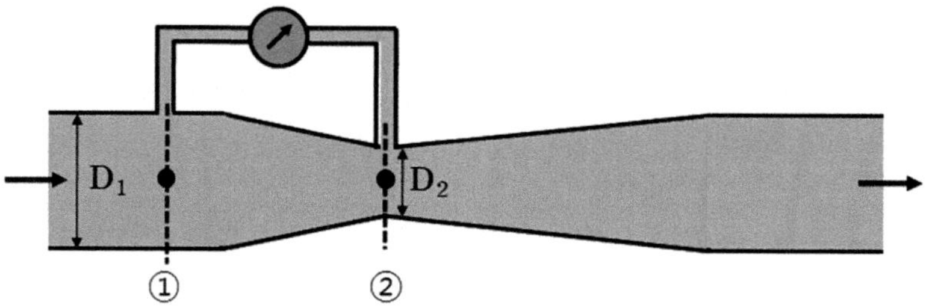

풀이 연속방정식과 베르누이 방정식

- 연속방정식 ; $Q = V_1A_1 = V_2A_2$
- 베르누이식 ; $\left(\frac{P}{\rho}+\frac{V^2}{2}+gz\right)_1 = \left(\frac{P}{\rho}+\frac{V^2}{2}+gz\right)_2$

$z_1 = z_2$을 적용하고 식을 정리하면

$$P_1 - P_2 = \frac{\rho}{2}\left(V_2^2 - V_1^2\right) = \frac{\rho}{2}\left\{\left(\frac{Q}{A_2}\right)^2 - \left(\frac{Q}{A_1}\right)^2\right\} = \frac{\rho Q^2}{2A_2^2}\left\{1-\left(\frac{A_2}{A_1}\right)^2\right\} \tag{3-20}$$

따라서

$$Q = A_2\sqrt{\frac{2(P_1-P_2)}{\rho\left[1-(A_2/A_1)^2\right]}} = A_2\sqrt{\frac{2\Delta P}{\rho\left[1-(D_2/D_1)^4\right]}} \tag{3-21}$$

식(3-21)을 이용하여

$$Q = \frac{\pi(0.05\text{m})^2}{4}\left\{\frac{2(50{,}000\text{Pa})}{1000\text{kg/m}^3 \cdot 0.85 \cdot \left[1-\left(\frac{0.05}{0.1}\right)^4\right]}\right\}^{1/2}$$

$$= 0.02200\text{m}^3/\text{s} = 22.00\,\text{L/s}$$

[2] 수문 아래의 유동

물이 저장된 저수지의 방출량을 조절하기 위하여 그림 3-10과 같이 수문(sluice gate)을 설치하였다. 물의 유량은 물의 출구속도와 유동통로의 크기를 알면 구할 수 있다. 출구 부근에서 유동의 유선은 근사적으로 직선이라고 가정할 수 있다. 그림과 같은 조건에 대하여 본 문제는 하류의 출구속도(V_2)와 체적유량(Q)을 구하는 것이 목적이다.

주어진 조건으로부터 유선을 따르는 유동, 정상유동, 마찰 없는 유동, 비압축성유동으로 가정할 수 있으므로 4개의 제한조건을 만족한다. 따라서 베르누이 방정식과 연속방정식을 사용할 수 있다. $P_1 = P_2 = P_{atm}$, $V_1 \approx 0$이므로 식을 정리하면 다음과 같이 수문 아래쪽의 속도 및 체적유량을 구할 수 있다.

$$\frac{P_1}{\rho g} + \frac{V_1^2}{2g} + z_1 = \frac{P_2}{\rho g} + \frac{V_2^2}{2g} + z_2 \quad \Rightarrow z_1 = \frac{V_2^2}{2g} + z_2$$

따라서

$$V_2 = \sqrt{2g(z_1 - z_2)} \qquad (3\text{-}22a)$$

그리고 $Q = V_2 A_2 = V_2(wz_2)$이므로 (3-22a)을 적용하면,

$$Q = wz_2\sqrt{2g(z_1 - z_2)} \qquad (3\text{-}22b)$$

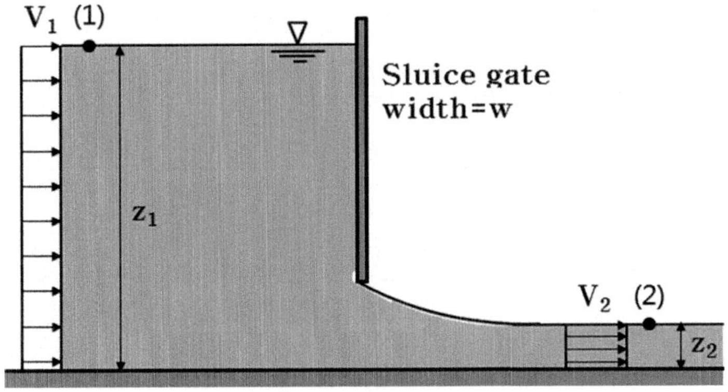

그림 3-10 수문 아래의 유동

본 문제는 주어진 조건을 확인하고 Bernoulli 방정식과 연속방정식을 응용한 예이다.

[3] 토리첼리의 원리

그림 3-11과 같은 유체 저장용 탱크에서 출구를 통하여 유출되는 경우를 고려한다. $P_1 = P_2 = P_{atm}$, $h = z_1 - z_2$, $A_1V_1 = A_2V_2$이므로 베르누이 식은 다음과 같이 정리된다.

$$\frac{V_1^2}{2g} + z_1 = \frac{V_2^2}{2g} + z_2 \quad \rightarrow \quad V_2^2 = V_1^2 + 2gh = V_2^2\left(\frac{A_2}{A_1}\right)^2 + 2gh$$

따라서

$$V_2 = \sqrt{\frac{2gh}{1-(A_2/A_1)^2}} \tag{3-23}$$

여기서 $A_2 \ll A_1$이면 $A_2/A_1 \approx 0$이므로 위의 식은 다음과 같이 단순화된다.

$$V_2 = \sqrt{2gh} \tag{3-24}$$

식 (3-24)를 "토리첼리(Torricelli)의 원리"라 하며, 앞의 식 (3-22a)와 유사 결과이다.

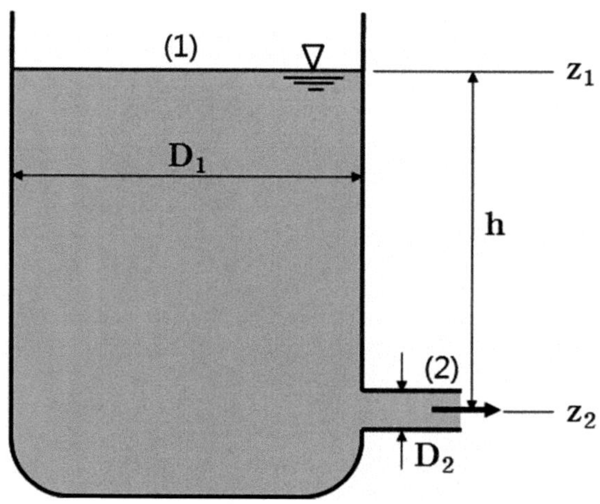

그림 3-11 토리첼리의 원리

예제 3-6 용기 아래 유동

그림과 같이 큰 원통형 용기에 저장된 물을 아래의 작은 관을 통하여 배출한다. 직경이 $D_1 = 2\text{m}$, $D_2 = 10\text{cm}$ 이고, 저장된 물의 높이는 $h = 3\text{m}$ 이다. 저장 높이 3m를 유지하기 위해 필요한 체적유량 Q를 결정하라.

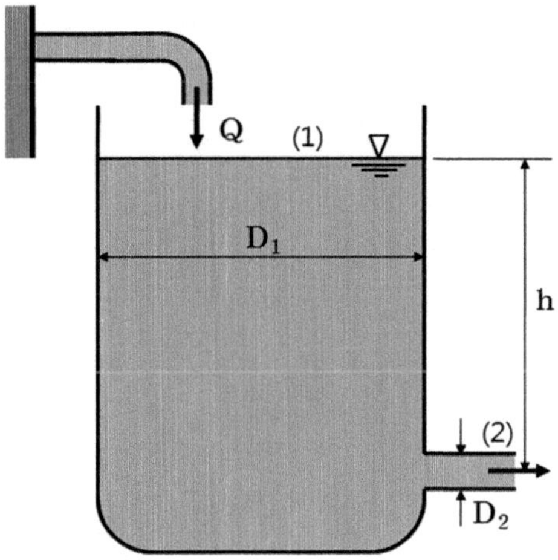

풀이 적용 식 ; 식(3-23)

$$V_2 = \sqrt{\frac{2gh}{1-(A_2/A_1)^2}}$$

여기서

$$\frac{A_2}{A_1} = \left(\frac{D_2}{D_1}\right)^2 = \left(\frac{0.1}{2}\right)^2 = 0.0025$$

따라서

$$V_2 = \sqrt{\frac{2 \cdot 9.8\text{m/s}^2 \cdot 3\text{m}}{1-(0.0025)^2}} = 7.67\text{m/s}$$

$$Q = V_2 A_2 = 7.67\text{m/s}\left(\frac{\pi(0.1\text{m})^2}{4}\right) = 0.0602\text{m}^3/\text{s} = 60.2\text{L/s}$$

[4] 소화전 설비 및 스프링클러 설비의 방수량 계산

유량공식을 이용하여 소화전 설비의 방수량을 다음과 같이 계산한다.

$$Q = A \cdot V = \frac{\pi D^2}{4} V$$

여기서 V는 방수류의 유속이다. 유속 V는 방수압 측정기로 측정한 전압 P_0을 이용하여 구한다. 측정 위치는 방수된 이후에 측정한 값이므로 측정 위치의 정압 대기압이므로, 게이지 압력 P는 0이다. 따라서 식(3-18)에 P =0을 대입하면 다음과 같다.

$$P_0 = \rho \frac{V^2}{2} \tag{3-18a}$$

$$V = \sqrt{\frac{2P_0}{\rho}} \tag{3-18b}$$

방수 유량 Q는 다음과 같다.

$$Q = A \cdot V = \frac{\pi D^2}{4} \sqrt{\frac{2P_0}{\rho}} \tag{3-25}$$

식(3-25)의 밀도 $\rho = 1000\ kg/m^3$을 대입하고, P_0의 단위를 kg_f/cm^2으로 적용할 때의 단위 환산을 위한 연산자를 대입하면 다음의 식을 얻을 수 있다.

$$Q = A \cdot V = 0.653D^2\sqrt{P_0} = 2.065D^2\sqrt{P'_0} \tag{3-26}$$

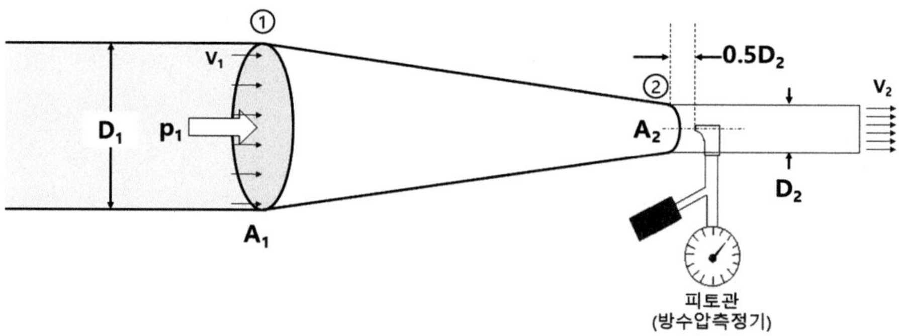

그림 3-12 방수압과 방출 속도

여기서, D는 mm 단위의 노즐구경이고, P_0는 피토관으로 측정한 kg_f/cm^2 단위의 방수압, P'_0는 피토관으로 측정한 MPa 단위의 방수압이다.

예제 3-7 방수량 측정

그림 3-12와 같이 옥내소화전설비의 방수압을 측정한 결과 피토관에서 측정된 압력이 0.17 MPa이었다. 방수량을 계산하시오. 단, 노즐의 방수구 지름은 13 mm이다.

풀이 식(3-26) 이용

$$Q = A \cdot V = 2.065D^2\sqrt{P'_0} = 2.065 \cdot 13^2\sqrt{0.17} = 143.9\text{LPM}$$

스프링클러 헤드와 같이 방수구의 지름 등을 정의하기가 어려울 경우, 식(3-26)을 다음과 같이 변형하여 사용하기도 한다.

$$Q = K\sqrt{P_0} \tag{3-27}$$

여기서 K는 방출계수이다. 특정 압력에서 유량을 알면 식(3-27)을 이용하여 방출계수를 구할 수 있으며, 압력의 변화에 따라 달라진 방수량도 식(3-27)을 이용하여 계산할 수 있다.

예제 3-8 방출계수 산출 및 방수량 계산

스프링클러설비의 말단에 위치한 스프링클러헤드에 0.1 MPa의 압력이 가해질 때의 유량이 80 LPM이었다. 이 스프링클러 헤드의 방출계수를 산출하시오. 그리고, 작동압력이 0.12 MPa이 될 경우의 방수량을 계산하시오.

풀이 식(3-27) 이용

(1) 방출계수

$$Q = K\sqrt{P_0} \rightarrow K = \frac{Q}{\sqrt{P_0}} = \frac{80\text{LPM}}{\sqrt{0.1\text{MPa}}} = 252.98\text{LPM/MPa}^{0.5}$$

(2) 작동압력이 0.12 MPa이 될 경우의 방수량

$$Q = K\sqrt{P_0} = 252.98\sqrt{0.12} = 87.64\text{LPM}$$

연습문제

[1] 지름이 5 cm인 원형관에서 물이 3 kg/s의 유량으로 흘러가고 있다. 물의 체적유량 및 평균속도를 구하라. 물의 온도는 25℃이다.

[2] 유동방향으로 면적이 변하는 원형관에서 물이 흐르고 있으며 질량유량은 7 kg/s이다. $D_1 = 6$ cm이고, 직경비가 $D_2/D_1 = 0.5$일 때, 속도비(V_2/V_1) 및 출구속도를 구하라. 물의 온도는 15℃이다.

[3] 원형관 내의 임의의 위치에서 유동하는 물의 정압 및 속도를 측정하였더니 각각 800 kPa, 20 m/s로 나타났다. 물의 압력수두와 속도수두를 구하라. 물의 온도는 20℃이다.

[4] 그림과 같은 벤추리관에서 기름(SG = 0.85)이 관 내를 흐르고 있다. 관의 직경은 $D_1 = 10$ cm, $D_2 = 4$ cm이다. 두 지점간의 압력차를 측정하였더니 70 kPa로 나타났다. 관을 통하여 흐르는 기름의 체적유량 그리고 입구와 목(throat)에서의 평균속도를 결정하라.

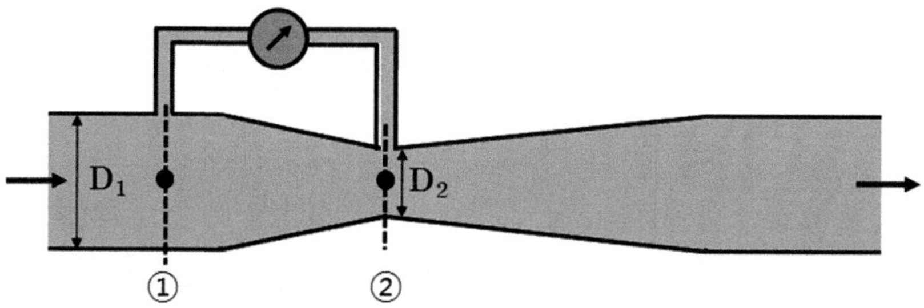

[5] 기름(SG = 0.8)이 앞의 그림과 같이 벤추리관 내를 흐르고 있다. 관의 직경은 $D_1 = 15$ cm, $D_2 = 5$ cm이며, 두 지점 간의 압력차는 250 mmHg로 나타났다. 관을 통하여 흐르는 기름의 체적유량 그리고 입구와 목(throat)에서의 평균속도

를 결정하라.

[6] 그림과 같이 수직의 유리관이 부착된 벤추리관 내로 물이 흐르고 있다. 내경은 $D_1 = 30$ mm, $D_2 = 50$ mm이며, 체적유량은 2.5 L/s이다. 유리관으로 올라오는 수은의 높이(h)를 구하면 얼마인가? 벤추리관에서의 손실은 무시한다.

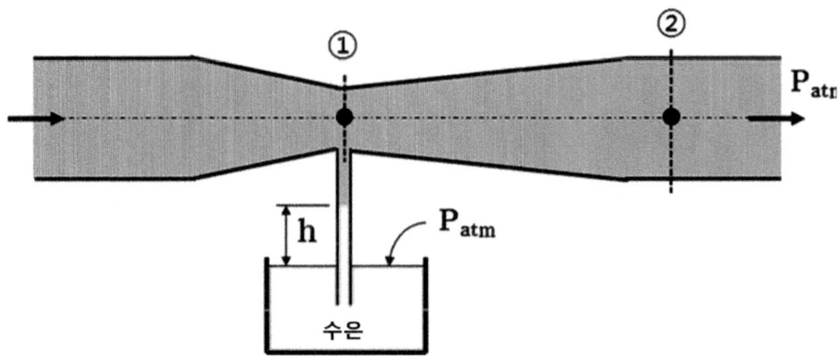

[7] 그림 3-9와 같은 노즐 내의 유동에서 입구의 직경은 8 cm, 출구의 직경은 2 cm이며, 체적유량은 30 L/s이다. 유동에 필요한 입구의 게이지(gage)압력을 구하라. 물의 온도는 20℃이다.

[8] 예제 [3-6]을 고려한다. 저장용기의 직경은 $D_1 = 2.5$ m이고, 배출관의 직경은 $D_2 = 12$ cm이다. 저장된 물의 높이 $h = 3$ m를 유지하기 위해 필요한 체적유량 Q를 결정하라. 물의 온도는 15℃이다.

[9] 그림 3-10과 같은 수문 아래의 유동을 고려한다. 저장된 물의 높이, z_1은 3 m이고, 폭 w는 1 m이며, 유출되는 출구의 높이 z_2는 10 mm이다. 수문 하류의 유동속도 및 체적유량을 구하라. 물의 온도는 20℃이다.

[10] 그림과 같이 수직벽의 양쪽에 높이가 다른 물이 저장되어 있다. 수직벽 중간에 설치된 오리피스를 통하여 물이 유출되고 있다. 양쪽의 물 높이가 $h_1 = 5\,m$ 및 $h_2 = 3\,m$로 유지될 때, 유출속도(V_2)는 얼마인가?

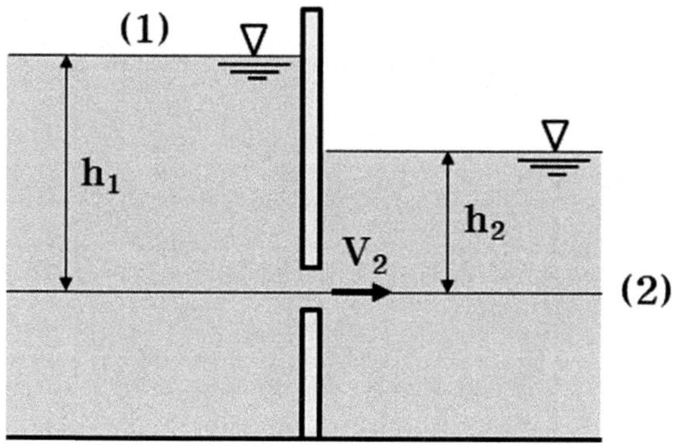

제 4 장

운동량 방정식과 응용

1 운동량의 법칙

어떤 물체가 가지는 운동량, P는 그 물체에 작용한 힘, F에 의하여 변한다. 다시 말하면, 운동량의 시간적 변화율은 그 물체에 작용한 힘과 같다. 이를 수식으로 표현하면 다음과 같다. 이 장에서는 운동량은 대문자 P로 나타내고, 압력은 소문자 p로 나타내기로 한다.

$$F = \frac{dP}{dt} \tag{4-1}$$

운동량 P는 물체의 질량(m)과 속도(V)의 곱이다.

$$P = mV \tag{4-2}$$

식(4-1)을 적분하면 다음의 식을 얻을 수 있다.

$$F = \frac{dP}{dt} \rightarrow Fdt = dP \rightarrow \int Fdt = \int dP$$

작용하는 힘 F가 시간에 상관없이 일정하다는 조건에서 위 식의 적분을 수행한 결과는 다음과 같다.

$$F\Delta t = P(t+\Delta t) - P(t) = m \cdot V(t+\Delta t) - m \cdot V(t) \tag{4-3}$$

이다. 여기서, Δt는 물체에 힘을 가한 시간이고, $F\Delta t$를 역적 또는 충격량(impulse)이라고 하고, $P(t+\Delta t) - P(t)$은 운동량의 변화량이다. $P(t)$와 $P(t+\Delta t)$는 각각 힘을 가하기 전과 후의 운동량이고, $V(t)$와 $V(t+\Delta t)$는 각각 힘을 가하기 전과 후의 속도다. 식(4.3)을 운동량 방정식(momentum equation)이라고 한다.

2 유체의 운동량 방정식

운동량의 원리를 유체에 적용하기 위하여 그림 4-1과 같은 곡관에서 1차원 정상류를

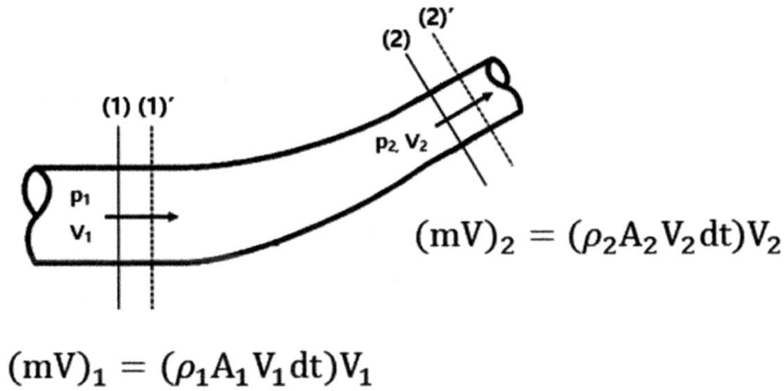

그림 4-1 구부러진 노즐에서 일어나는 운동량의 변화

생각해 보자. 시각 t에 유체는 단면 (1)과 (2) 사이에 있다. 이 유체는 Δt동안 단면 (1)′과 (2)′ 사이의 공간으로 이동하였다. 이 유체가 시각 t에 가지고 있던 운동량과 Δt의 시간이 흐른 후의 운동량을 각각 $P(t)$과 $P(t+\Delta t)$라고 하면, $P(t+\Delta t)$는 다음과 같다.

$$P(t+\Delta t) = P(t) + P_{(2)-(2)'} - P_{(1)-(1)'} \tag{4-4}$$

여기서, $P_{(2)-(2)'}$과 $P_{(1)-(1)'}$는 각각 단면(2)와 (2)′ 사이의 유체가 가진 운동량과 단면(1)과 (1)′ 사이의 유체가 가진 운동량이다. 단면(1)과 (1)′ 사이의 유체, $m_{(1)-(1)'}$는 Δt의 시간 동안 검사 체적으로 새롭게 유입된 질량이고, 단면(2)와 (2)′ 사이의 유체, $m_{(2)-(2)'}$는 Δt의 시간 동안 검사 체적을 빠져나간 질량으로써 다음과 같다.

$$m_{(2)-(2)'} = \dot{m}_2\,\Delta t = (\rho_2 A_2 V_2)\,\Delta t \tag{4-5a}$$

$$m_{(1)-(1)'} = \dot{m}_1\,\Delta t = (\rho_1 A_1 V_1)\,\Delta t \tag{4-5b}$$

운동량은 질량과 속도의 곱이므로 $P_{(2)-(2)'}$과 $P_{(1)-(1)'}$ 각각 다음과 같다.

$$P_{(2)-(2)'} = (\rho_2 A_2 V_2)\Delta t \cdot V_2 \tag{4-6a}$$

$$P_{(1)-(1)'} = (\rho_1 A_1 V_1)\Delta t \cdot V_1 \tag{4-6b}$$

식(4-6)을 식(4-4)에 대입하고 정리하면 $t+\Delta t$에서의 운동량, $P(t+\Delta t)$는 다음과

같다.

$$P(t+\Delta t) = P(t) + (\rho_2 A_2 V_2)\Delta t \cdot V_2 - (\rho_1 A_1 V_1)\Delta t \cdot V_1 \qquad (4\text{-}7)$$

식(4-7)을 식(4-3)에 대입하고, 식(4-1)처럼 정리하면 다음과 같다.

$$F = (\rho_2 A_2 V_2) \cdot V_2 - (\rho_1 A_1 V_1) \cdot V_1 \qquad (4\text{-}8)$$

비압축성 유동의 경우 $\rho_1 = \rho_2 = \rho$이고, $A_1 V_1 = A_2 V_2 = Q$이므로 식(4-8)은 다음과 같이 쓸 수 있다.

$$F = \rho Q(V_2 - V_1) \qquad (4\text{-}9)$$

식(4-9)의 힘과 속도는 모두 벡터이므로, 다음과 같이 벡터의 성분별로 나누어 쓸 수 있다.

$$F_x = \rho Q(V_{x2} - V_{x1}) \qquad (4\text{-}10a)$$

$$F_y = \rho Q(V_{y2} - V_{y1}) \qquad (4\text{-}10b)$$

$$F_z = \rho Q(V_{z2} - V_{z1}) \qquad (4\text{-}10c)$$

3 운동량 방정식의 응용

[1] 구부러진 관이 유체에 미치는 힘

그림 4-2에서 유체는 단면 (1)을 통하여 V_1의 유속으로 곡관으로 유입되고 단면 (2)에서 유출된다. 곡관이 xy 평면에 있다고 하면, z성분은 0이 된다. 단면 (2)로부터 유출되는 운동량($\rho_2 Q_2 \cdot V_2$)과 단면 (1)을 통하여 유입되는 운동량($\rho_1 Q_1 \cdot V_1$)의 차이가 유체에 작용하는 합력 F이다. 비압축성 유동의 경우 $\rho_1 = \rho_2 = \rho$이고, $A_1 V_1 = A_2 V_2 = Q$이므로, 이 관계를 x, y 성분으로 나누어 다음과 같이 표기할 수 있다.

$$F_x = \rho Q(V_2 \cos\theta_2 - V_1 \cos\theta_1) \qquad (4\text{-}11a)$$

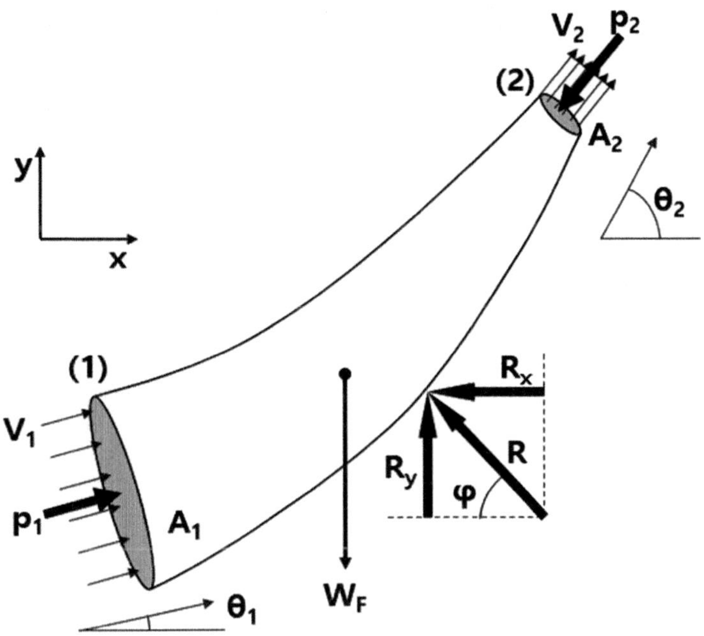

그림 4-2 구부러진 관이 유체에 작용하는 힘과 운동량의 출입 관계

$$F_y = \rho Q(V_2 \sin\theta_2 - V_1 \sin\theta_1) \tag{4-11b}$$

식(4-11) 좌변의 힘, 유체에 작용하는 합력에 대해 고찰해 보자. 이 힘 **F**는 각 단면에 작용하는 압력에 의한 힘, 단면 (1)~(2) 사이의 유체의 무게 W_F, 관벽이 유체에 미치는 힘 **R**로 구성된다 이 힘을 x, y 성분으로 나누어 다음과 같이 표기할 수 있다.

$$p_1 A_1 \cos\theta_1 - p_2 A_2 \cos\theta_2 - R_x = \rho Q(V_2 \cos\theta_2 - V_1 \cos\theta_1) \tag{4-12a}$$

$$p_1 A_1 \sin\theta_1 - p_2 A_2 \sin\theta_2 + R_y - W_F = \rho Q(V_2 \sin\theta_2 - V_1 \sin\theta_1) \tag{4-12b}$$

이 식으로부터 유체가 관 벽에 미치는 힘은 관의 입출구 조건만 알면 관 내부의 유동 조건을 고려하지 않고도 계산할 수 있다는 것을 알 수 있다.

식(4-12)를 관 벽이 유체에 미치는 힘 **R**에 대해서, x, y성분으로 정리하면 다음과 같다.

$$R_x = p_1 A_1 \cos\theta_1 - p_2 A_2 \cos\theta_2 - \rho Q(V_2 \cos\theta_2 - V_1 \cos\theta_1) \tag{4-13a}$$

$$R_y = -p_1A_1\sin\theta_1 + p_2A_2\sin\theta_2 + \rho Q(V_2\sin\theta_2 - V_1\sin\theta_1) + W_F \qquad (4\text{-}13b)$$

식(4-12)와 (4-13)은 그림 4-2의 힘(**R**)의 방향에 주의하여 사용하여야 한다. 이 두 식을 사용할 때 p_1과 p_2가 절대 압력인 것에 주의하여야 한다.

유체가 관 벽에 미치는 힘은 식(4-13)과 동일하고, 방향만 반대이다. 유체가 관 벽에 미치는 힘을 **K**라고 하면 성분별로 다음과 같다.

$$K_x = -R_x \qquad (4\text{-}14a)$$

$$K_y = -R_y \qquad (4\text{-}14b)$$

[2] 구부러진 관을 고정하는데 필요한 힘

앞서 설명한 힘은 곡관 내부의 유체를 해석의 대상으로 삼아 도출한 것이다. 여기서는 유체가 출입하는 구부러진 관을 고정하는데 요구되는 힘에 대해 알아보자. 이를 위해서는 해석의 대상에 곡관 내부의 유체 뿐만 아니라 곡관도 포함해야 한다. 그러므로 곡관 표면에 작용하는 대기압의 영향과 곡관 차체의 무게(W_{pipe}) 등을 고려하면 그 결과를 얻을 수 있는데, 여기서는 상세한 유도 과정은 생략한다. 다음의 식은 유체가 출입하는 구부러진 관을 고정하는데 필요한 힘을 나타낸다.

$$R'_x = (p_1 - p_{atm})A_1\cos\theta_1 - (p_2 - p_{atm})A_2\cos\theta_2 - \rho Q(V_2\cos\theta_2 - V_1\cos\theta_1) \qquad (4\text{-}15a)$$

$$R'_y = -(p_1 - p_{atm})A_1\sin\theta_1 + (p_2 - p_{atm})A_2\sin\theta_2 + \rho Q(V_2\sin\theta_2 - V_1\sin\theta_1) + W_F + W_{pipe} \qquad (4\text{-}15b)$$

이 식을 게이지 압력으로 정리하면 다음과 같다.

$$R'_x = p_{1,g}A_1\cos\theta_1 - p_{2,g}A_2\cos\theta_2 - \rho Q(V_2\cos\theta_2 - V_1\cos\theta_1) \qquad (4\text{-}16a)$$

$$R'_y = -p_{1,g}A_1\sin\theta_1 + p_{2,g}A_2\sin\theta_2 + \rho Q(V_2\sin\theta_2 - V_1\sin\theta_1) + W_F + W_{pipe} \qquad (4\text{-}16b)$$

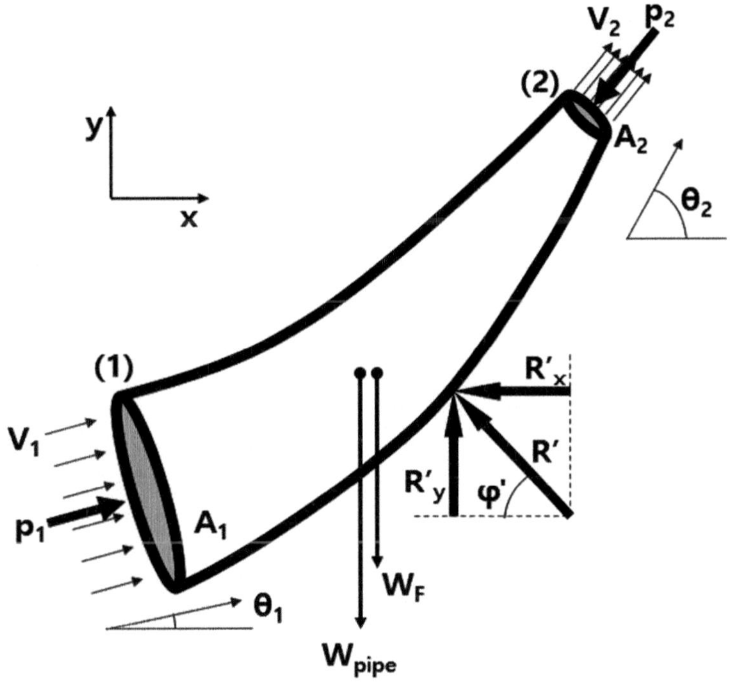

그림 4-3 구부러진 관을 고정하는데 필요한 힘과 운동량의 출입 관계

식(4-16)의 관을 고정하는데 필요한 힘과 식(4-13)의 곡관이 유체에 미치는 힘을 비교해 보면, 두 식은 유사하지만, 식(4-13)에는 유체의 절대압력 p_1과 p_2가 적용된 반면, 식(4-16)에는 입구와 출구의 게이지 압력 $p_{1,g}$과 $p_{2,g}$가 적용되었다. 그리고 식(4-16b)에는 곡관의 무게(W_{pipe})가 추가된 것을 알 수 있다.

곡관을 고정하는데 필요한 힘의 크기와 작용 방향, 즉 각도 φ'는 다음과 같이 구할 수 있다.

$$R' = \left(R'^2_x + R'^2_y\right)^{0.5} \tag{4-17}$$

$$\varphi' = \tan^{-1}\left(\frac{R'_y}{R'_x}\right) \tag{4-18}$$

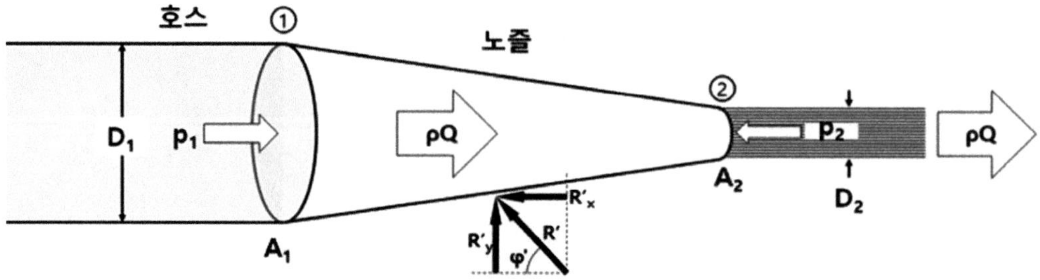

그림 4-4 수평 노즐 내의 유동

[3] 수평 원형관

그림 4-4의 수평 노즐은 식(4-13)과 식(4-16)에서 입구각과 출구각이 모두 $\theta_1 = \theta_2 = 0°$(즉 $\cos 0° = 1$, $\sin 0° = 0$)이다. 관 벽이 유체에 주는 힘은 다음과 같이 표현된다.

$$R_x = p_1 A_1 - p_2 A_2 - \rho Q (V_2 - V_1) \quad (4\text{-}19a)$$

$$R_y = W_F \quad (4\text{-}19b)$$

관을 고정하는 힘은 다음과 같다.

$$R'_x = p_{1,g} A_1 - p_{2,g} A_2 - \rho Q (V_2 - V_1) \quad (4\text{-}20a)$$

$$R'_y = W_F + W_{pipe} \quad (4\text{-}20b)$$

만약 대기로 방출하는 상황이라면, $p_2 = p_{atm}$ 이므로 $p_{2,g} = 0$이므로 식(4-20)은 다음과 같이 된다.

$$R'_x = p_{1,g} A_1 - \rho Q (V_2 - V_1) \quad (4\text{-}21a)$$

$$R'_y = W_F + W_{pipe} \quad (4\text{-}21b)$$

[4] 입출구 면적이 동일한 수평 원형관

그림 4-5와 같이 면적이 일정하고 수평한 배관에 물이 흐르는 경우 배관이 물에 미치는 힘을 생각해 보자. 이 경우 수평이므로 입구각과 출구각이 모두 0, 즉, $\theta_1 = \theta_2 =$

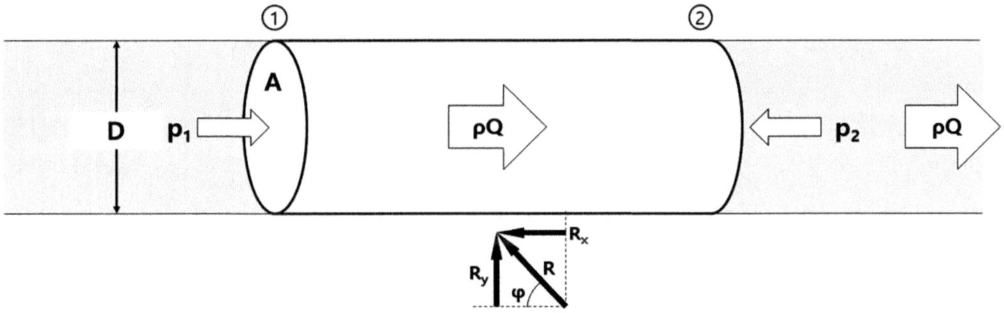

그림 4-5 면적이 일정한 수평관에서의 힘

$0°(\cos 0° = 1,\ \sin 0° = 0)$이고, 입구와 출구의 면적이 동일하므로 $A_1 = A_2 = A$이고, 입구와 출구의 유속이 동일($V_1 = V_2$)하다. 이것을 식(4-13)에 대입하면 다음의 식을 얻을 수 있다.

$$R_x = A(p_1 - p_2) \tag{4-22a}$$

$$R_y = W_F \tag{4-22b}$$

예제 4-1 수평으로 방수하는 옥내소화전 노즐

그림 4-6과 같이 옥내소화전 노즐을 통하여 수평으로 물을 방출하고 있다. 호스의 직경 $D_1 =$ 40 mm이고 노즐 방수구 직경 $D_2 =$ 13 mm이다. 호스와 노즐이 연결되는 부분(지점 1)에서 게이지 압력은 170 kPa이며, 유량 $Q =$ 130 L/min이다. 소방노즐을 고정하는데 필요한 힘(kg_f)을 구하라. 노즐의 무게와 노즐 내부 물의 무게는 각각 0.8 kg_f와 0.15 kg_f이다.

풀이 유동은 수평관 유동이고, 물을 대기에 방출하는 상황이므로 $p_2 = p_{atm}$, $p_{2,g} = 0$으로 처리할 수 있기 때문에 식(4-21)을 사용할 수 있다. 식(4-21)의 적용하기 위해서는 V_1과 V_2를 알아야 한다. 비압축성 유동의 연속방정식 식(3-9)와 유량 공식을 이용하여 다음과 같이 유속을 구한다.

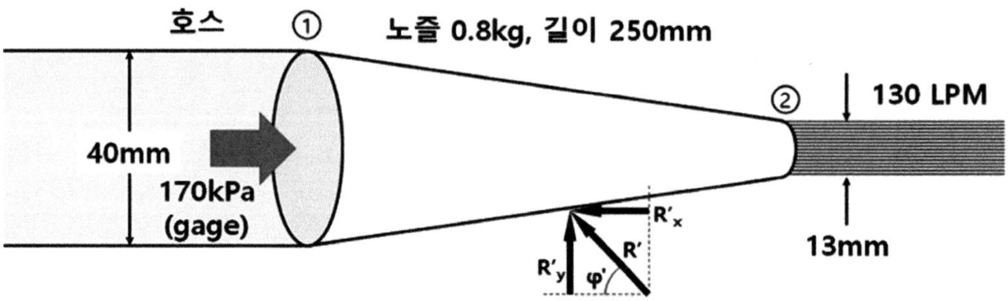

그림 4-6 옥내소화전 노즐에서의 힘

$$V_1 = \frac{Q}{A_1} = \frac{\dfrac{0.130\text{m}^3}{60\text{s}}}{\dfrac{\pi(0.04\text{m})^2}{4}} = 1.724\text{m/s},$$

$$V_2 = \frac{Q}{A_2} = \frac{\dfrac{0.130\text{m}^3}{60\text{s}}}{\dfrac{\pi(0.013\text{m})^2}{4}} = 16.32\text{m/s}$$

이 값과 문제에서 주어진 데이터를 식(4-21)에 대입하면

$$R'_x = 170{,}000\text{Pa} \cdot \frac{\pi(0.04\text{m})^2}{4} - \frac{130\text{kg}}{60\text{s}}(16.32 - 1.724)\text{m/s}$$

$$= 213.6\text{N} - 31.6\text{N} = 182\text{N} = 18.57\text{kg}_f$$

$$R'_y = 0.15\text{kg}_f + 0.8\text{kg}_f = 0.95\text{kg}_f$$

$$R' = \sqrt{R'^2_x + R'^2_y} = \sqrt{18.57^2 + 0.95^2} = 18.60\text{kg}_f$$

$$\varphi = \tan^{-1}\left(\frac{R'_y}{R'_x}\right) = \tan^{-1}\left(\frac{0.95}{18.57}\right) = 2.93^o$$

R'_x가 양수라는 것은 노즐이 앞으로 나가려하는 것을 소방호스나 고정 장치 등이 노즐에 힘을 작용하여 고정한다는 것을 의미하고, R'_y가 양수라는 것은 노즐이 바닥으로 떨어지려하는 것을 받쳐주어야 한다는 의미이다.

예제 4-2 사선으로 방수하는 옥외 소화전 노즐에 작용하는 힘(1. 최대)

그림 4-7과 같이 옥외 소화전 노즐로부터 45° 방향으로 350 LPM의 유량이 노즐을 통하여 물이 외부로 방수되고 있다. 노즐이 움직이지 않도록 하기 위해 필요한 힘과 각

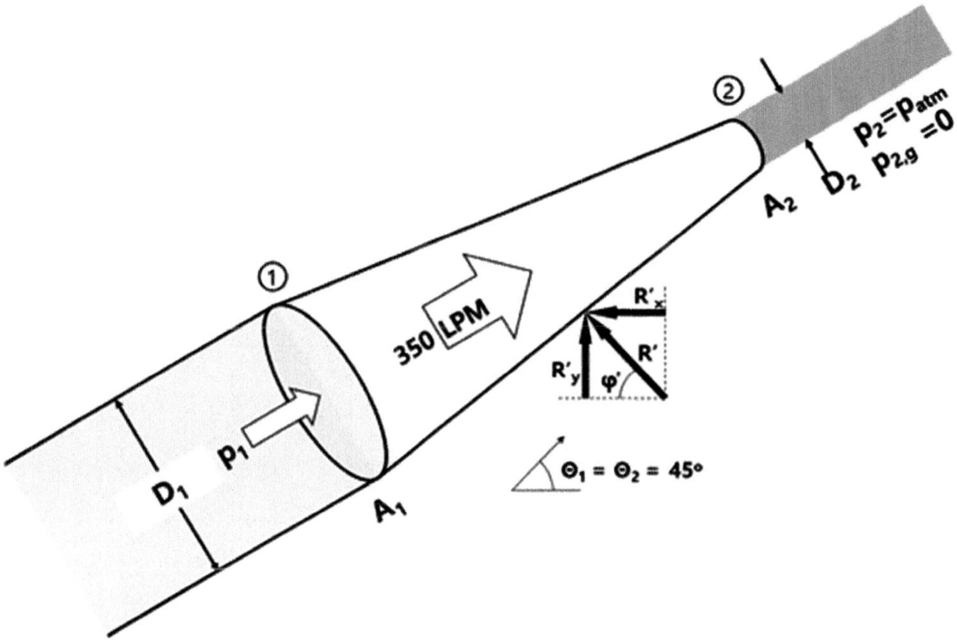

그림 4-7 비스듬히 상향으로 방수하는 옥외소화전 노즐에서의 힘

도를 구하라. 조건은 다음과 같다.

- $p_1 = 0.7\text{MPa(gage)}$: 허용 최대 압력
- $D_1 = 65\text{mm}$, $D_2 = 19\text{mm}$
- $Q = 350\text{L/min}$
- $\theta_1 = \theta_2 = 45°$
- 노즐과 물의 무게는 무시

풀이 노즐을 고정하는데 필요한 힘을 구하는 문제이므로 식(4-16)을 이용한다. 여기서, 입구와 출구의 각도 $\theta_1 = \theta_2 = 45°$이고, 물을 대기로 방출하는 상황이므로 $p_{2,g}=0$이다. 노즐 및 물의 무게는 무시한다는 조건으로부터 $W_F = W_{pipe} = 0$이다. 입구와 출구의 유속은 비압축성 유동의 연속방정식과 유량공식을 이용하여 다음과 같이 구할 수 있다.

$$V_1 = \frac{Q}{A_1} = \frac{0.35\text{m}^3/60\text{s}}{\pi(0.065\text{m})^2/4} = \frac{0.35\text{m}^3/60\text{s}}{0.0033183}\text{m}^2 = 1.758\text{m/s}$$

$$V_2 = \frac{Q}{A_2} = \frac{0.35\text{m}^3/60\text{s}}{\pi(0.019\text{m})^2/4} = \frac{0.35\text{m}^3/60\text{s}}{00028353\text{m}^2} = 20.57\text{m/s}$$

이 값들과 문제에서 주어진 데이터를 식(4-16)에 대입하면 노즐을 잡고 버티는 힘을 구할 수 있다.

$$R'_x = 700{,}000\mathrm{Pa} \cdot 0.0033183\mathrm{m}^2 \cdot \cos 45^o$$
$$- 1000\mathrm{kg/m^3} \cdot 0.35\mathrm{m^3}/60\mathrm{s} \cdot (20.57 - 1.758)\mathrm{m/s} \cdot \cos 45^o$$
$$= 1564.9\mathrm{N} = 159.7\mathrm{kg_f}$$

$$R'_y = -700{,}000\mathrm{Pa} \cdot 0.0033183\mathrm{m}^2 \cdot \sin 45^o$$
$$+ 1000\mathrm{kg/m^3} \cdot 0.35\mathrm{m^3}/60\mathrm{s} \cdot (20.57 - 1.758)\mathrm{m/s} \cdot \sin 45^o$$
$$= -1564.9\mathrm{N} = -159.7\mathrm{kg_f}$$

$$R' = \sqrt{R'^2_x + R'^2_y} = 225.8\mathrm{kg_f}$$

$$\varphi' = \tan^{-1}\left(\frac{R'_y}{R'_x}\right) = \tan^{-1}\left(\frac{-159.7}{159.7}\right) = -45^o$$

R'_x가 양수라는 것은 노즐이 앞으로 나가려하는 것을 고정하여 움직이지 못하게 해야 한다는 것을 의미한다. 그리고, R'_y가 음의 값을 가진다는 것은 유체는 노즐을 위로 밀어 올리는 작용을 한다는 것을 의미한다. 이것은 소방호스와 노즐 사이에 인장력이 작용되고 있음을 뜻한다.

예제 4-3 사선으로 방수하는 옥외 소화전 노즐에 작용하는 힘(2. 최소)

그림 4-7과 같이 옥외 소화전 노즐로부터 45° 방향으로 350 LPM의 유량이 방수되고 있다. 노즐을 통하여 물이 외부로 분사되고 있다. 노즐이 움직이지 않도록 지지하기 위해 필요한 힘과 각도를 구하라. 조건은 다음과 같다.

- $p_1 = 0.25\mathrm{MPa(gage)}$
- $D_1 = 65\mathrm{mm}$, $D_2 = 19\mathrm{mm}$
- $Q = 350\mathrm{L/min}$
- $\theta_1 = \theta_2 = 45°$
- 노즐과 물의 무게는 무시

풀이 예제 4-2의 풀이에서 $p_{1,g}$을 0.25 MPa로 변경하여 적용하면 된다.

$$R'_x = 250{,}000\mathrm{Pa} \cdot 0.0033183\mathrm{m}^2 \cdot \cos 45^o$$
$$- 1000\mathrm{kg/m^3} \cdot 0.35\mathrm{m^3}/60\mathrm{s} \cdot (20.57 - 1.758)\mathrm{m/s} \cdot \cos 45^o$$
$$= 509\mathrm{N} = 51.9\mathrm{kg_f}$$

$$R'_y = -250{,}000\text{Pa} \cdot 0.0033183\text{m}^2 \cdot \sin 45^\circ$$
$$+ 1000\text{kg/m}^3 \cdot 0.35\text{m}^3/60\text{s} \cdot (20.57 - 1.758)\text{m/s} \cdot \sin 45^\circ$$
$$= -509\text{N} = -51.9\text{kg}_f$$

$$R' = \sqrt{R'^2_x + R'^2_y} = 73.5\text{kg}_f$$

$$\varphi' = \tan^{-1}\left(\frac{R'_y}{R'_x}\right) = \tan^{-1}\left(\frac{-51.9}{51.9}\right) = -45^\circ$$

[5] 수직 평판에 물을 분사하는 경우, 수직 평판에 작용하는 힘

소화전의 수류를 수직 평판에 분사하여 수직 평판이 뒤로 U의 속도로 밀리는 경우, 수직평판에 작용하는 힘에 대해 생각해 보자. 만약에 수직 평판이 뒤로 밀리지 않는다면 U =0으로 생각하면 된다.

그림 4-8과 같이 일정한 속도(U)로 이동하는 수직의 평판에 유체가 충돌하는 현상을 해석하기 위하여 물이 평판에 닫는 곳을 (1) 지점으로 정한다. 그리고 물이 닫는 지점에 중심을 가진 임의의 원을 (2) 지점으로 정한다. (1) 지점에서 물이 평판에 닫는 수평 속도 V_1은 $V - U$, 수직 속도는 0이다. 그리고 평판의 (1) 지점에 도달하는 유량은 노즐에서 분사되는 유량 $\rho A_1 V$이 아니라 $\rho A_1(V - U)$이다. (2) 지점의 속도는 모든 방향으로 균일하기 때문에 평균을 취할 경우, V_2의 수평, 수직 속도 성분은 모두 0이다. 한편, $P_1 = P_2 = P_{atm}$, 즉 $P_{1,g} = P_{2,g} = 0$이다. 이 값들을 식(4-14)와

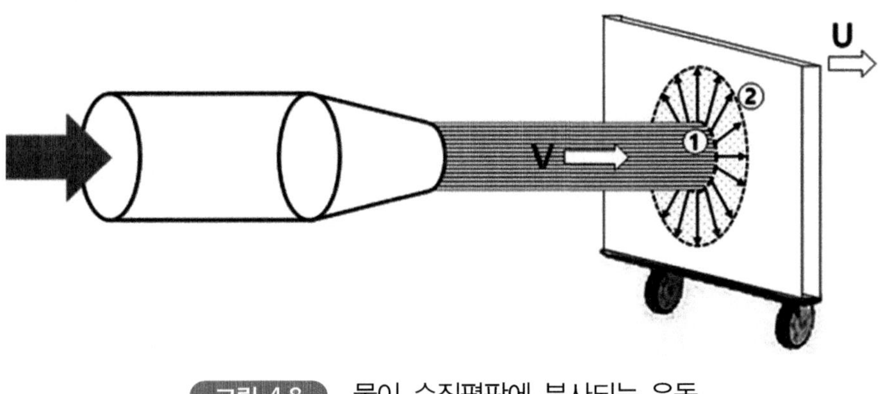

그림 4-8 물이 수직평판에 분사되는 유동

(4-13)에 적용하여 유체가 관 벽에 미치는 힘을 다음과 같이 계산한다.

$$K_x = \rho A_1 (V - U) \cdot (V - U) = \rho A_1 (V - U)^2 \qquad (4\text{-}23)$$

분사되는 유량은 $\rho A_1 V$이고, 수직평판에 도달하는 유량은 $\rho A_1 (V - U)$이다. 두 유량의 차이는 어디로 갔을까? 평판이 U의 속도로 뒤로 밀리고 있으므로, 분사 노즐과 평판 사이의 거리가 멀어짐에 따라 수평 수류가 U의 속도로 길어지는 데 쓰이고 있다. 즉 $\rho A_1 U$의 속도로 수평 수류의 질량이 늘어나고 있다.

예제 4-4 수직 평판

그림과 같이 수조의 아래 부분에 설치된 구멍을 통하여 물을 고정된 벽으로 분출시켰다. 벽이 받는 힘을 구하라.

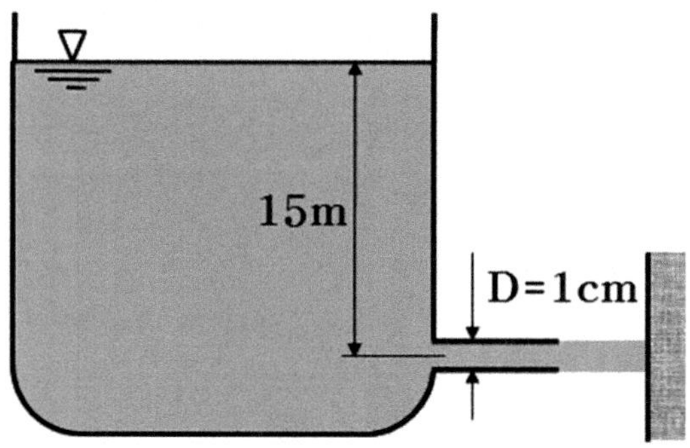

풀이 수직 평판에 물이 분사되고, 수직평판이 뒤로 밀리지 않는 상황이므로 식(4-23)에 $U = 0$을 대입하여 사용하고, 분출 속도는 토리첼리의 식, $V = \sqrt{2gh}$을 이용하여 풀이할 수 있다.

$$K_x = \rho A_1 V^2 = \rho A_1 (\sqrt{2gh})^2 = \rho A_1 \cdot 2gh$$

$$= 1000\text{kg/m}^3 \cdot \frac{\pi (0.01\text{m})^2}{4} \cdot 2 \cdot 9.8\text{m/s}^2 \cdot 15\text{m} = 23.1\text{N}$$

연 습 문 제

[1] 그림 4-4와 같은 노즐 내의 유동을 고려한다. 원형관의 직경은 $D_1 = 10$ cm이고 노즐의 직경은 $D_2 = 2.5$ cm이며 유량은 $Q = 25$L/s이다. ① 지점에서의 게이지 압력은 350 kPa이다. 노즐의 고정에 필요한 힘(N)을 구하라.

[2] 그림 4-3과 같이 구부러진 노즐을 통하여 물이 외부로 분사되고 있다. 노즐이 움직이지 않도록 지지하기 위해 필요한 힘의 분력(kg_f)들을 구하라. 조건은 다음과 같다.

- $P_1 = 300$kPa(gage), $P_2 = 0$kPa(gage), 노즐과 물의 무게 무시
- $A_1 = 0.03\text{m}^2$, $A_2 = 0.012\text{m}^2$, $Q = 80$L/s, $\theta_1 = 0°$, $\theta_2 = 40°$

[3] 그림 4-7의 옥외 소화전의 노즐을 상향 30°의 각도로 방수할 경우, 노즐을 고정하는데 필요한 힘(kg_f)을 각 성분 별로 구하라. 단, $P_1 = 0.25$ MPa

[4] 그림 4-8과 같이 노즐로부터 분사된 물이 정지된 수직 평판에 분사된다. 노즐 출구의 속도는 15 m/s이고, 노즐 출구 면적은 0.011m^2이다. 평판에 작용하는 수평 방향의 힘(kg_f)을 구하라.

[5] 앞의 문제 [4]에서 수직 평판이 3 m/s의 속도로 이동하고 있을 때, 수직 평판에 작용하는 수평 방향의 힘(kg_f)을 구하라.

[6] 옥외소화전의 노즐에서 물이 350 LPM의 유량으로 수평으로 분출되고 있다. 이 물이 건물의 수직 벽 표면에 직접 도달할 경우, 수직 벽에 가해지는 힘(kg_f)을 구하라. 노즐 출구의 구경은 19 mm이다. 벽에 부딪힌 물은 반대 방향으로 튀지 않는다.

[7] 문제 6에서 분출되는 물이 수직 벽과 45도의 각도로 부딪힐 때 수직 벽에 가해지는 수평 방향의 힘(kg_f)을 구하라.

제 5 장

실제 유동

지금까지 서술한 유체는 마찰이 없고 밀도 변화가 없는 이상 유체로 취급하였다. 실제 유체는 점성에 의한 마찰, 즉 전단응력이 존재하며 기체는 어느 속도 이상이 되면 밀도 변화가 수반된다. 제5장에서는 유체 내에 실재하는 점성의 영향으로 일어나는 속도가 다른 유체 입자 간의 마찰, 고체 경계면에서 일어나는 마찰에 의해 유동저항이 발생하는 실제 유체를 다루고자 한다.

유체가 유로를 가득 채운 상태로 흐르는 유동을 폐수로 유동이라고 하는데, 대표적인 폐수로 유동인 관류(pipe flow)와 실제 배관에서 일어나는 여러 가지 형태의 손실 계산에 대해 다룬다.

소방설비에서 일어나는 유동은 내부 유동이며, 유동 경로를 따라 마찰에 의한 손실이 일어난다. 내부 유동을 다루는 이 장을 통하여 마찰에 의한 손실에 대한 개념을 확립하고 응용할 수 있는 능력을 갖추도록 한다.

1 층류와 난류

레이놀즈(Osborne Reynolds)는 염료를 이용한 실험에서 물의 유량 변화에 따른 염료의 확산정도를 관찰하였다. 유속이 느린 경우에 그림 5-1(a)처럼 염료는 수평 유리관 내에서 관과 평행한 상태로 흐트러지지 않고 가는 실선을 이루었으나, 유속을 점차 증가시키면 염료의 가는 선은 점점 흐트러져 안정을 잃고, 일정 값을 넘어서는 경우, 그림 5-1(b)와 같이 염료가 유동하는 물의 전단면으로 확산됨을 발견하였다. 그림 5-1(a)와 같은 유동을 층류, 그림 5-1(b)와 같은 유동을 난류, 층류와 난류의 중간 단계를 천이 유동이라 하였다.

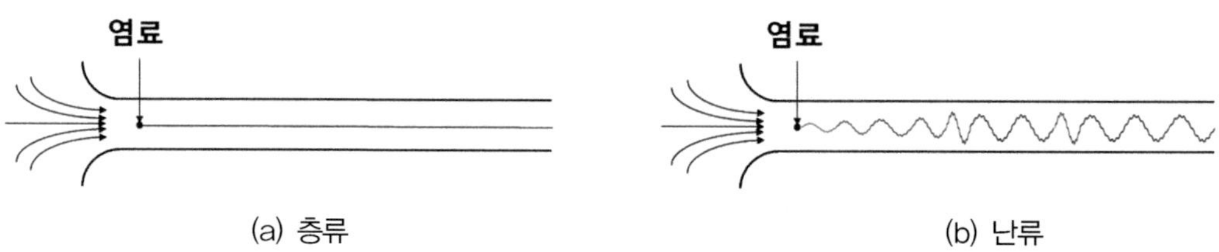

그림 5-1 층류와 난류

레이놀즈는 염료를 이용한 실험의 결과를 정량적으로 분석하기 위하여 레이놀즈 수(Reynolds number)를 다음과 같이 정의하였다.

$$\mathrm{Re} = \frac{\rho \mathrm{VD}}{\mu} = \frac{관성력}{점성력} \tag{5-1}$$

여기서 ρ는 유체의 밀도, V는 평균속도, D는 관의 직경, μ는 유체의 점도이다. 이와 같이 정의되는 레이놀즈 수를 이용하여 유동을 층류, 천이 또는 난류로 구분할 수 있다.

보통의 조건에서 원형 관 내의 유동은 레이놀즈 수가 약 2300일 때 천이가 일어나며, 이것은 물인 경우에 지름이 D = 2.54 cm인 관에서 약 9 cm/s의 평균속도에 해당한다. 실험적으로 레이놀즈 수 2300~4000까지를 천이유동으로 4000 이상을 난류로 구분한다. 표 5-1에 Reynolds 수에 따른 유동의 상태를 정리하였다.

이 표에서 2300을 하임계 레이놀즈수라 하고, 4000을 상임계 레이놀즈 수라고 한다. 하임계 레이놀즈 수 이하의 유동에서는 점성에 의해 난류 성분이 없어지게 되어 항상 층류 유동이 발생하는 한계치이다. 임계 레이놀즈수는 항상 일정하지는 않고, 유로의 기하학적 조건 및 환경에 따라 많이 달라진다. 하임계 레이놀즈 수를 교재에 따라 2000 또는 2100으로 사용하기도 한다.

예제 5-1 Reynolds 수(평균속도)

지름이 25 mm인 원형관 내로 20℃의 물이 3 m/s의 평균속도로 흐르고 있다. 레이놀즈수를 구하고 층류인지 아니면 난류인지를 검토하라.

풀이 $\mathrm{Re} = \frac{\rho \mathrm{VD}}{\mu} = \frac{998\mathrm{kg/m^3} \cdot 3\mathrm{m/s} \cdot 0.025\mathrm{m}}{0.001002\mathrm{kg/m \cdot s}} = 74,701 > 4000 \quad \Rightarrow$ 난류

▌표 5-1▐ Reynolds 수에 따른 유동의 상태

유동 상태	Reynolds 수의 범위
층류	Re < 2300
천이 구역	2300 < Re < 4000
난류	Re > 4000

예제 5-2 Reynolds 수(질량유량)

지름이 20 mm인 원형관에 25℃의 물이 0.02 kg/s의 유량으로 흐르고 있다. 평균속도 및 레이놀즈수를 구하고 유동이 층류 또는 난류인지를 판단하라.

풀이

$$V = \frac{\dot{m}}{\rho A} = \frac{0.02\text{kg/s}}{997\text{kg/m}^3 \cdot \frac{\pi(0.02\text{m})^2}{4}} = 0.0639\text{m/s}$$

$$Re = \frac{\rho VD}{\mu} = \frac{997\text{kg/m}^3 \cdot 0.0639\text{m/s} \cdot 0.02\text{m}}{0.000890\text{kg/m} \cdot \text{s}} = 1,432 < 2300 \quad \Rightarrow \quad \text{층류}$$

2 유동의 영역 및 입구길이

그림 5-2는 원형관에서 층류인 경우에 유동의 진행방향에 따라 속도의 분포가 변하는 것을 나타낸 것이다. 유동의 영역은 입구영역과 완전발달영역으로 나뉜다. 입구영역에서 속도 분포의 형상은 연속적으로 변하지만 완전발달영역에서 속도분포는 더 이상 변화하지 않고 일정한 형태를 유지한다. 입구에서부터 완전히 발달된 유동(fully developed flow)이 시작되는 지점까지의 길이를 "입구길이(entrance length)"라 한다.

직경이 D인 원형관 속으로 유체가 V의 평균속도로 유입될 때 입구길이는 층류인 경우 Reynolds수에 비례하지만, 난류인 경우 Reynolds수의 영향을 거의 받지 않는다. 정리하면 식은 다음과 같다.

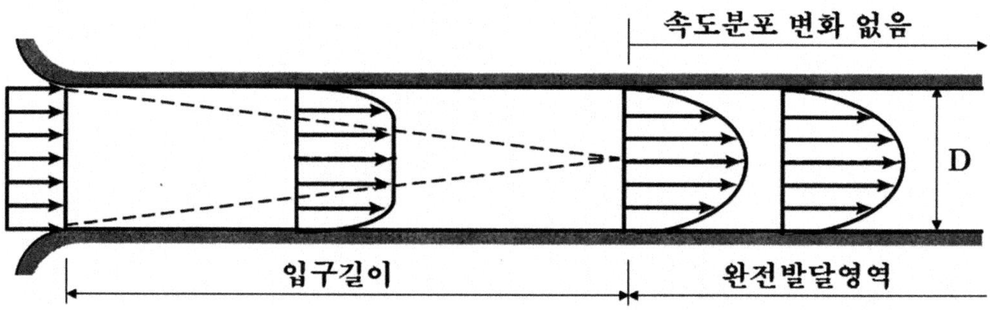

그림 5-2 원형관 입구영역에서의 유동

$$\text{층류} : L \approx 0.06\text{Re}\cdot D , \quad \text{Re} < 2300 \tag{5-3a}$$

$$\text{난류} : L \approx (25 \sim 40)D, \ \text{Re} > 2300 \tag{5-3b}$$

유동이 난류가 되면 입구길이는 Reynolds수 이외에 상류의 유동 상황에 따라 많은 영향을 받는다. 실험적인 관찰에 의하면 심한 경우에 관직경의 80배 이상인 위치에서도 완전발달 유동이 되지 않을 수도 있다.

예제 5-3 입구길이(질량유량)

지름이 20 mm인 원형관을 통하여 27℃의 물이 0.03 kg/s의 유량으로 흐르고 있다. 레이놀즈수 및 입구길이를 구하라.

풀이

$$\text{Re} = \frac{\rho V D}{\mu} = \frac{4\dot{m}}{\pi D \mu} = \frac{4 \cdot 0.03\text{kg/s}}{\pi \cdot 0.02\text{m} \cdot 0.000851\text{kg/m} \cdot \text{s}} = 2244 < 2300$$

$\Rightarrow$ 층류

$$L = 0.06\text{Re}\cdot D = 0.06 \cdot 2244 \cdot 0.02\text{m} = 2.69\text{m} = 269\text{cm}$$

예제 5-4 입구길이(평균속도)

지름이 25 mm인 원형관을 통하여 27℃의 물이 0.5 m/s의 속도로 유동하고 있다. 레이놀즈수 및 입구길이를 구하라.

풀이

$$\text{Re} = \frac{\rho V D}{\mu} = \frac{997\text{kg/m}^3 \cdot 0.5\text{m/s} \cdot 0.025\text{m}}{0.000851\text{kg/m} \cdot \text{s}} = 14,308 > 2300 \quad \Rightarrow \quad \text{난류}$$

$$L \approx (25 \sim 40)D = (25 \sim 40) \cdot 0.025\text{m} = 0.625 \sim 1.0\text{m}$$

3 원형관 내의 층류

[1] 속도분포

원형관 내의 유동은 그림 5-3과 같은 원통좌표계를 이용하면 어렵지 않게 결과를 얻을 수 있다. 그림과 같은 조건을 고려하여 원통좌표계의 x 방향 운동량방정식을 단순

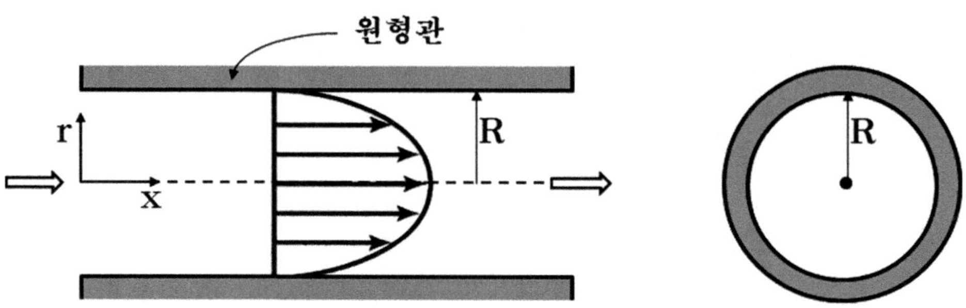

그림 5-3 파이프 내의 층류

화시키면 다음과 같다.

$$\mu\left\{\frac{1}{r}\frac{\partial}{\partial r}\left(r\frac{\partial v}{\partial r}\right)\right\}=\frac{\partial P}{\partial x} \tag{5-4}$$

식(5-4)에는 2차 미분항이 포함되어 있으므로 두 개의 경계조건이 필요하다. 벽면에서의 유속은 0이고, 중심에서는 속도 구배가 0이다. 이것이 경계조건이고 식으로 쓰면 다음과 같다.

$$\left.\frac{\partial v}{\partial r}\right)_{r=0}=0 \tag{5-5a}$$

$$u(R)=0 \tag{5-5b}$$

식(5-4)의 미분방정식을 두 번 적분하고 식(5-5)의 경계조건 두개를 적용하면 다음과 같은 속도 분포식을 얻을 수 있다. 식의 형태로부터 속도형상이 포물선임을 알 수 있다.

$$v=-\frac{R^2}{4\mu}\left(\frac{\partial P}{\partial x}\right)\left\{1-\left(\frac{r}{R}\right)^2\right\} \tag{5-6}$$

[2] 체적유량과 압력강하

유동의 속도분포를 구했으므로 체적유량을 유도할 수 있다. 체적유량은 속도와 면적의 곱이므로 다음과 같다.

$$Q = \int_{r=0}^{R} v dA = \int_{r=0}^{R} v \cdot 2\pi r dr = -\frac{\pi R^4}{8\mu}\left(\frac{\partial p}{\partial x}\right) = \frac{\pi D^4}{128\mu}\frac{\Delta P_L}{L}$$

즉,

$$Q = \frac{\pi D^4}{128\mu}\frac{\Delta P_L}{L} \tag{5-7a}$$

$$\Delta P_L = \frac{128\mu L Q}{\pi D^4} \tag{5-7b}$$

식 (5-7a)를 "Hagen-Poiseuille 방정식"이라 한다. 이 식은 원형관 내의 유동이 층류인 경우, 원형관 내의 압력강하(ΔP)를 구하는데 종종 이용된다.

예제 5-5 Hagen–Poiseuille 방정식 응용

직경 100 mm, 길이 5 km인 매끈한 원형관을 이용하여 5 L/s의 유량으로 기름을 수송한다. 원형관에서 발생하는 압력강하 및 동력을 구하라. 기름의 비중은 0.85, 점성계수는 0.07 Pa · s이다.

풀이 $V = \frac{Q}{A} = \frac{0.005 m^3/s}{\frac{\pi \cdot (0.1m)^2}{4}} = 0.637 m/s$

$$Re = \frac{\rho V D}{\mu} = \frac{(0.85 \times 1000 kg/m^3) \cdot 0.637 m/s \cdot 0.1 m}{0.07 kg/m \cdot s} = 773.5 < 2300$$

⇒ 층류

따라서,

$$\Delta P_L = \frac{128\mu L Q}{\pi D^4} = \frac{128 \cdot (0.07 kg/m \cdot s) \cdot 5000 m \cdot 0.005 m^3/s}{\pi \cdot (0.1m)^4}$$

$$= 713{,}014 \text{ Pa} = 713 \text{ kPa}$$

유체 이송에 필요한 동력은 압력차와 유량의 곱으로부터 구한다.

$$Power = \Delta P \times Q = 713014 N/m^2 \times 0.005 m^3/s = 3{,}565 J/s = 3.565 kW$$

예제 5-6 모세관 점도계

직경이 가는 모세관의 실험을 통하여 체적유량과 압력강하를 측정하면 식(5-7)을 이용하여 액체의 점도를 계산할 수 있다. 실험에서 얻은 자료는 다음과 같다. 액체의 점성계수를 구하라.

- 모세관의 길이 $= 1\text{m}$
- 모세관의 직경 $= 0.6\text{mm}$
- 체적유량 $= 750\text{mm}^3/\text{s}$
- 압력강하 $= 800\text{kPa}$

풀이 $Q = \dfrac{\pi \Delta P_L D^4}{128\mu L} \quad \rightarrow \quad \mu = \dfrac{\pi \Delta P_L D^4}{128 L Q}$

따라서

$$\mu = \frac{\pi \cdot 800{,}000\text{Pa} \cdot (0.0006\text{m})^4}{128 \cdot 1\text{m} \cdot 750 \times 10^{-9}\text{m}^3/\text{s}} = 3.393 \times 10^{-3}\text{Pa} \cdot \text{s}$$

4 배관시스템의 수두 손실

배관시스템에서 발생하는 총수두 손실(total head loss, h_L)은 단면적이 일정한 원형관 내의 완전히 발달된 유동에서 마찰효과에 기인한 주손실(h_M)과 입구, 관부속품, 면적의 변화 등에 의해 발생하는 부차적 손실(h_m)의 합으로 이루어진다.

[1] 확장된 Bernoulli 방정식

3장에서 기술한 Bernoulli 방정식의 적용 조건은 유선을 따르는 유동, 정상유동, 마찰이 없는 유동 그리고 비압축성 유동이다.

$$\frac{P_1}{\rho g} + \frac{V_1^2}{2g} + z_1 = \frac{P_2}{\rho g} + \frac{V_2^2}{2g} + z_2 \tag{3-16}$$

여기서 V는 관 내를 흐르는 유체의 평균속도를 의미한다. 그림 5-4와 같은 배관시스템에서는 마찰에 의한 손실($\Delta P_L = \rho g h_L$)과 펌프가 만드는 압력($P_p = \rho g h_p$)를 고려

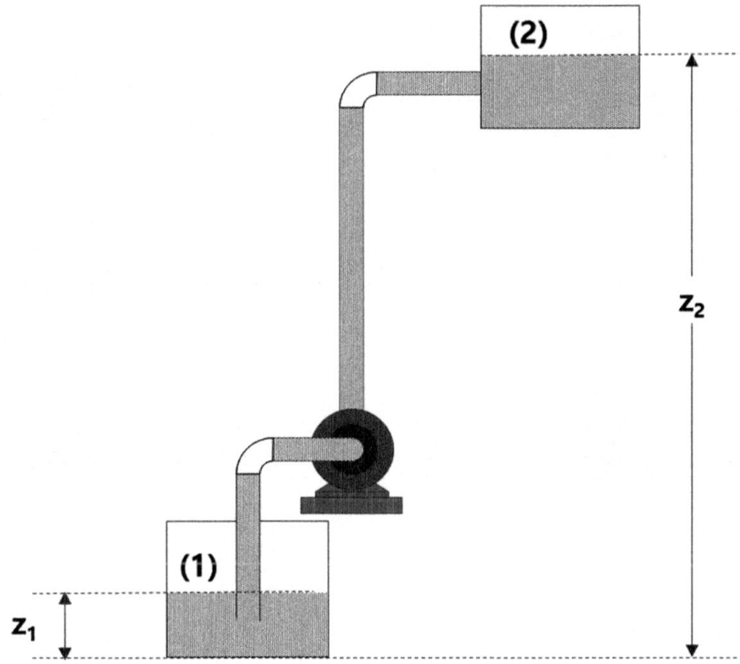

그림 5-4 배관시스템

해야 하므로 식 (3-16)은 다음과 같이 확장(또는 수정)된다.

$$\frac{P_1}{\rho g}+\frac{V_1^2}{2g}+z_1+h_p=\frac{P_2}{\rho g}+\frac{V_2^2}{2g}+z_2+h_L \tag{5-8a}$$

그리고

$$h_L=h_M+h_m \tag{5-8b}$$

여기서 h_p는 펌프수두이며, h_L는 총수두손실이다. 식(5-8)을 에너지 방정식 또는 "확장된(extended) Bernoulli 방정식"이라 한다.

[2] 수두 손실

(1) 주손실(major loss)

단면적이 일정하고 완전히 발달된 수평의 원형관인 경우, 관의 입구와 출구에서

$V_1 = V_2$, $z_1 = z_2$, $h_p = 0$, $h_m = 0$이므로 식 (5-8a)로부터 다음의 관계를 얻을 수 있다.

$$h_L = h_M + h_m = \frac{P_2 - P_1}{\rho g} = \frac{\Delta P_L}{\rho g} \Rightarrow h_M = \frac{\Delta P_L}{\rho g} \quad (5\text{-}9)$$

즉, 주손실은 단면적이 일정하고 완전히 발달된 수평의 원형관 유동에서 압력손실의 항으로 나타낼 수 있다.

층류

수평으로 놓여있는 원형관 내의 완전히 발달된 층류에서의 압력강하는 해석적인 방법으로 구할 수 있다. 부차적 손실(h_m)이 없는 경우, 식 (5-7b)로부터

$$\Delta P_M = \frac{128\mu LQ}{\pi D^4} = \frac{128\mu L}{\pi D^4}\left(V\frac{\pi D^2}{4}\right) = 32\frac{L}{D}\frac{\mu V}{D}$$

이며 이 식을 식 (5-9)에 대입하면 다음과 같은 결과를 얻을 수 있다. 여기서 f를 "마찰계수(friction factor)"라고 한다.

$$h_M = \frac{\Delta P_M}{\rho g} = 32\frac{L}{D}\frac{\mu V}{\rho g D} = 64\frac{L}{D}\frac{\mu}{\rho V D}\frac{V^2}{2g} = \left(\frac{64}{Re}\right)\frac{L}{D}\frac{V^2}{2g} = f\frac{L}{D}\frac{V^2}{2g}$$

즉,

$$h_M = f\frac{L}{D}\frac{V^2}{2g} \quad (5\text{-}10a)$$

$$\Delta P_M = f\frac{L}{D}\frac{\rho V^2}{2} \quad (5\text{-}10b)$$

$$f = \frac{64}{Re} \quad (5\text{-}10c)$$

난류

난류에서는 압력강하를 해석적으로 구할 수 없기 때문에 실험적 결과에 의존해야

한다. 압력강하는 파이프 직경(D), 길이(L), 조도(e), 평균속도(V), 밀도(ρ) 및 점성계수(μ)에 따라 결정된다. 즉, $\Delta P_L = f(D, L, e, V, \rho, \mu)$로 표현된다. 차원해석법을 적용하여 얻은 최종적인 결과는 다음과 같다.

$$h_M = f\frac{L}{D}\frac{V^2}{2g} \tag{5-11a}$$

$$\Delta P_M = f\frac{L}{D}\frac{\rho V^2}{2} \tag{5-11b}$$

이 식을 달시-바이스바하(Darcy-Weisbach)의 식이라고 하며, f는 "Darcy 마찰계수(friction coefficient)"라 하며, 경험식 또는 Moody 선도로부터 결정된다. 경험식으로는 식(5-12a)의 Colebrook의 식이 가장 널리 사용되지만 비선형식이기 때문에 해를 구하기 어려워서 식(5-12b)의 Haaland 경험식이 종종 사용된다. 이 식들에 의하면 마찰계수(f)는 Reynolds수, 조도(roughness, e) 그리고 직경(D)에 따라 결정된다.

$$\frac{1}{\sqrt{f}} = -2.0\log\left(\frac{e/D}{3.7} + \frac{2.51}{Re\sqrt{f}}\right) \tag{5-12a}$$

$$f = \frac{0.3086}{\left\{\log\left[\frac{6.9}{Re_D} + \left(\frac{e/D}{3.7}\right)^{1.11}\right]\right\}^2} \tag{5-12b}$$

Colebrook의 식(5-12a)를 선도로 나타낸 것을 "Moody 선도"라 하며 그림 5-5와 같다. 그리고 여러 종류의 재료에 대한 조도는 표 5-2와 같다.

| 표 5-2 | 상용재료로 만든 파이프의 조도(e)

관의 종류	피트(ft)	밀리미터(mm)
리벳강관	0.003-0.03	0.9-9
콘크리트관	0.001-0.01	0.3-3
나무관	0.0006-0.003	0.2-0.9
주철관	0.00085	0.26
아연도강관	0.0005	0.15
상용강관	0.00015	0.046
인발관	0.000005	0.0015

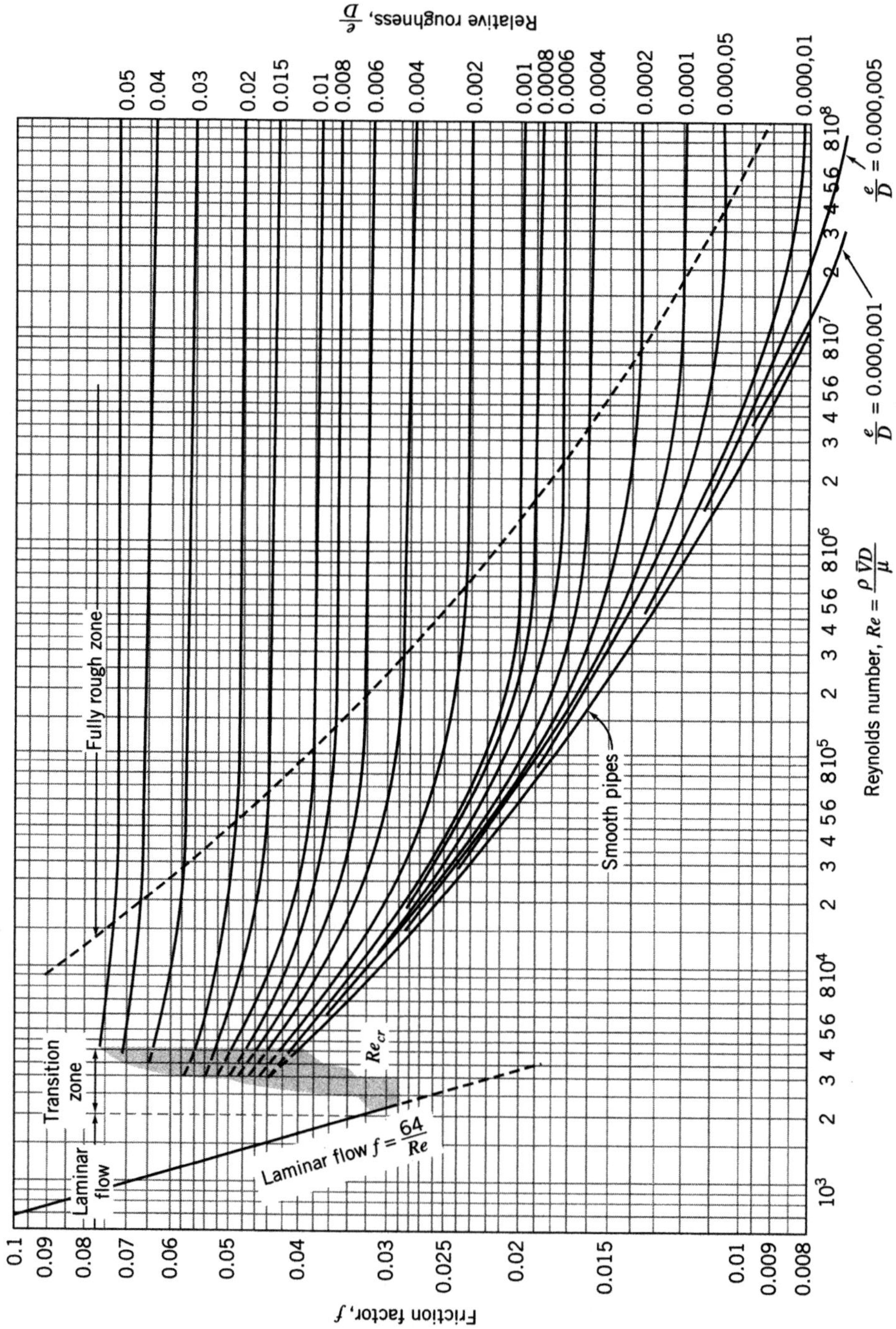

그림 5-5 Moody 선도(원형관 완전발달유동의 마찰계수)

실무에서 주손실 계산에 자주 사용되는 식은 하겐-윌리엄스의 식이며, 다음과 같다.

$$\frac{\Delta P_L}{L} = 6.055 \times 10^4 \frac{Q^{1.85}}{C^{1.85} \cdot D^{4.87}} \tag{5-13}$$

이 식에는 물의 특성이 반영되어 있으므로 밀도나 점도같은 물의 특성을 입력할 필요가 없어 편리하게 사용할 수 있는 장점이 있으나, 물에만 사용 가능하다는 점에 주의해야 한다. 물을 주로 다루는 소방 실무에서는 이 식을 주로 사용한다. 또한, 이 식은 SI 단위에 기반한 수식이 아니므로 각 인자의 단위는 다음과 같이 사용하여야 한다는 것에도 특히 주의하여야 한다.

ΔP_L : 마찰손실압력(MPa), Q : 유량(LPM),
C : 관의 조도계수(무차원, 표 5-3), D : 관경(mm)

| 표 5-3 | 식(5-13)의 조도계수 C

파이프의 종류	C
강관	100
동관	130
스테인리스강관	140
수도용 PVC관	150

(2) 부손실(minor loss)

원형관 내의 유동은 여러 종류의 관 부속품이나 곡관, 또는 갑작스러운 단면적의 변화가 있는 부분을 통과해야 한다. 이러한 추가적인 수두손실은 주로 유동의 박리로 인하여 발생하며, 주 손실에 비하여 적은 양이 된다. 부손실은 다음과 같이 표현된다.

$$h_m = K\frac{V^2}{2g} \tag{5-14}$$

여기서 K는 "손실계수(loss coefficient)"라고 하며, 이론 해석 및 실험을 통하여 결정되는 값이다.

관벽에서의 전단력을 무시할 경우, 급확대관의 손실계수 K는 다음과 같다.

$$K = \left[1 - \frac{A_1}{A_2}\right]^2 = \left[1 - \left(\frac{D_1}{D_2}\right)^2\right]^2 \tag{5-15}$$

급확대관의 경우, 식(5-14)에 적용되는 V는 상류의 작은 관의 유속, V_1이다.

한편, 급축소관의 손실계수 K는 다음과 같다.

$$K = \left(\frac{1}{C_c} - 1\right)^2 \tag{5-16}$$

여기서, C_c는 수축계수이며, 바이스바하(Weisbach)의 물에 대한 수축계수 측정 결과는 표 5-4와 같다. 급수축관의 경우, 식(5-14)에 적용되는 V는 하류의 작은 관의 유속, V_2이다.

입구에서는 관의 입구 형상에 따라 에너지 손실에 많은 차이가 발생한다. 표 5-5는 원형관 입구에서의 손실계수를 나타낸 것이다.

| 표 5-4 | 식(5-16)의 물의 수축계수 C_c

A_2/A_1	0.1	0.2	0.3	0.4	0.5	0.6	0.7	0.8	0.9	1.0
C_c	0.624	0.632	0.643	0.659	0.681	0.712	0.755	0.813	0.892	1.00
K	0.363	0.339	0.308	0.268	0.219	0.164	0.105	0.0529	0.0147	0.000

| 표 5-5 | 원형관 입구의 손실계수(K)

입구 형상	손실계수[K]
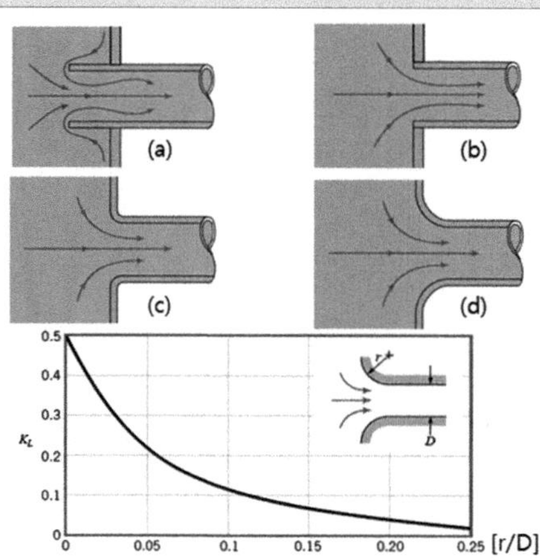	(a) K = 0.8 (삽입관) (b) K = 0.5 (직각형상) (c) K = 0.22 (r/D = 0.05) (d) K = 0.04 (r/D = 0.20)

관부속품(엘보우, 밸브 등)의 손실계수는 부품의 종류 및 형상에 따라 값이 다르다. 표 5-6에 여러 가지 형상의 관부속품에 대한 손실계수를 나타내었다.

| 표 5-6 | 부속품의 손실계수(K)

부속품		K	형 상
Elbows	Regular 90°, flanged Regular 90°, threaded Regular 45°, threaded Long radius 90°, flanged Long radius 90°, threaded Long radius 45°, flanged	0.3 1.5 0.4 0.2 0.7 0.2	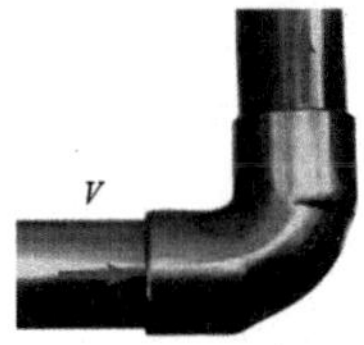 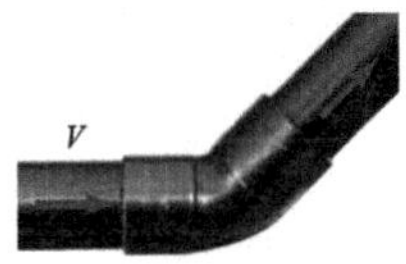
Bends	180° return bend, flanged 180° return bend, threaded	0.2 1.5	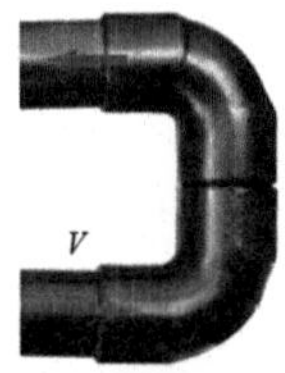
Tees	Line flow, flanged Line flow, threaded Branch flow, flanged Branch flow, threaded	0.2 0.9 1.0 2.0	 
Valves	Globe, fully open Angle, fully open Gate, fully open Gate, 1/2 closed Swing check, forward flow Swing check, backward flow Ball valve, fully open Ball valve, 1/3 closed Ball valve, 2/3 closed	10.0 2.0 0.15 2.10 2.0 ∞ 0.05 5.5 210.0	그림 5-6

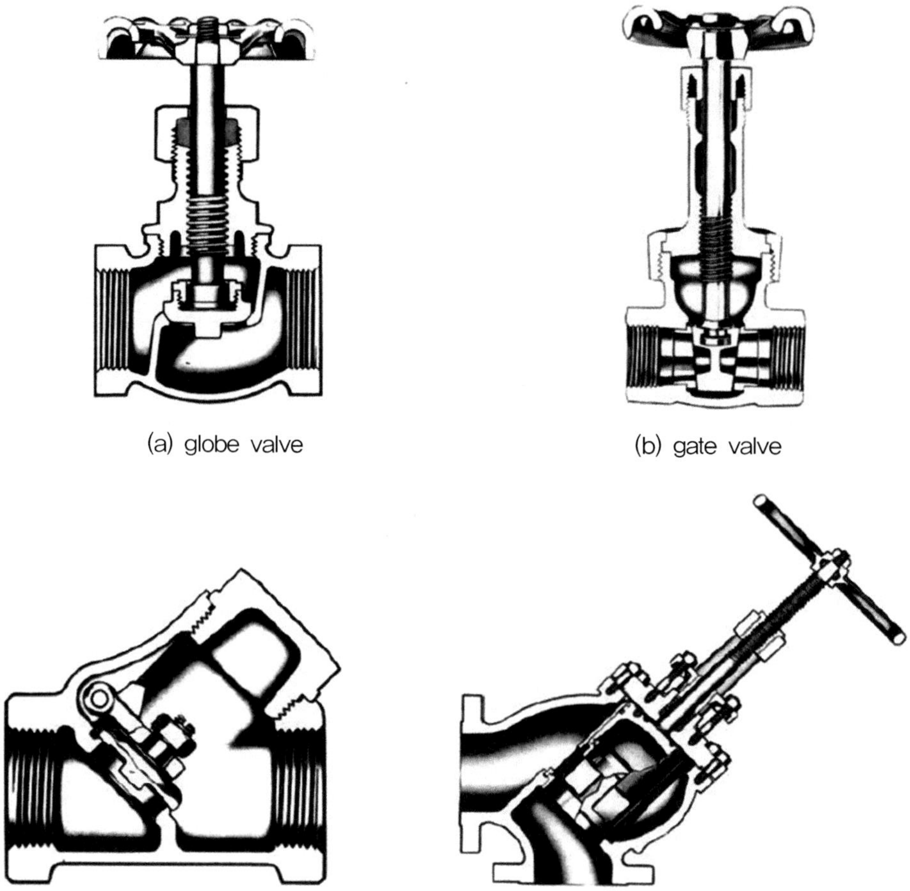

(a) globe valve (b) gate valve

(c) swing check valve (d) stop check valve

그림 5-6 여러 형상의 밸브류

대표적인 부속품인 여러 밸브의 단면 형상을 나타내면 그림 5-6과 같다. 보통의 밸브는 완전히 개방 또는 완전히 밀폐와 같은 일반적인 목적에 사용된다. 니들(needle) 밸브는 매우 정교한 유량 제어용으로 사용되며, 체크(check) 밸브는 한쪽 방향으로만 흐르게 할 때 사용된다.

(3) 총수두손실

앞의 결과로부터 배관시스템에서 발생하는 총수두손실은 다음과 같이 표현된다. 여기서 ΣK는 모든 부속품의 손실을 합한 것이다.

$$h_L = h_M + h_m = \left(f\frac{L}{D} + \Sigma K\right)\left(\frac{V^2}{2g}\right) \tag{5-17}$$

(4) 상당길이(등가길이)

주손실과 부손실의 개념을 혼합하여 부손실에서 발생하는 정도를 주손실에서 발생하는 관의 길이로 다음과 같이 환산할 수 있다.

$$K\frac{V^2}{2g} = f\frac{L_e}{D}\frac{V^2}{2g} \quad \rightarrow \quad f\frac{L_e}{D} = K$$

즉,

$$L_e = \frac{K \cdot D}{f} \tag{5-18}$$

여기서 L_e는 관의 상당길이(equivalent length of pipe, 등가길이)를 나타낸다. 손실을 계산할 때, 이 상당길이(L_e)를 실제의 관 길이(L)에 더해줌으로써 부차적 손실이 고려되는 효과를 얻을 수 있다. 따라서 식 (5-17)은 다음과 같이 수정이 가능하다. 다음 식에서 ΣL_e 는 모든 부속품의 등가길이를 합한 것이다.

$$h_L = h_M + h_m = f\left(\frac{L + \Sigma L_e}{D}\right)\left(\frac{V^2}{2g}\right) \tag{5-19}$$

식(5-17)이나 식(5-19)를 이용하여 지름 D가 동일한 구간 별로 값을 구한 후 합산하여 시스템 전체의 손실을 구할 수 있다.

[3] 비원형 덕트

비원형 덕트인 경우 다음과 같이 정의되는 수력직경(hydraulic diameter)의 개념을 도입하여 해석할 수 있다.

$$D_h \equiv \frac{4A}{P} \tag{5-20}$$

여기서 A는 단면적이고 P는 임의의 단면에서 유동하는 유체와 접한 벽의 둘레 길이로 정의되는 접수길이(wetted perimeter)이다. 예를 들어, 폭이 b이고 높이가 h인 직사각형 덕트인 경우 수력직경은 다음과 같이 계산된다.

$$D_h = \frac{4bh}{2(b+h)} = \frac{2bh}{b+h}$$

$R_a = h/b$로 정의되는 종횡비(aspect ratio)를 적용하면,

$$D_h = \frac{2bh}{b+h} = \frac{2h}{1+R_a} \tag{5-21}$$

이러한 수력직경의 개념은 대략 $0.25 < R_a < 4$일 경우만 적용할 수 있다. 직사각형 덕트는 제작이 쉬워 공기조화, 난방, 환기장치 등에 많이 사용된다.

예제 5-7 마찰계수(층류)

지름이 50 cm인 원형관 내로 원유(비중=0.95, 점도=0.45Pa·s)가 흐르고 있다. 유량이 100 L/s일 때, 마찰계수를 구하면 얼마인가?

풀이 $V = \frac{Q}{A} = \frac{0.1\text{m}^3/\text{s}}{\frac{\pi(0.5\text{m})^2}{4}} = 0.51\text{m/s}$

$$Re = \frac{\rho VD}{\mu} = \frac{(0.95 \times 1000\text{kg/m}^3) \cdot 0.51\text{m/s} \cdot 0.5\text{m}}{0.45\text{kg/m} \cdot \text{s}} = 538 < 2300$$

$\Rightarrow$ 층류

따라서

$$f = \frac{64}{Re} = \frac{64}{538} = 0.119$$

예제 5-8 마찰계수(난류)

지름이 20 cm, 길이가 1000 m인 주철관을 이용하여 물을 공급한다. 물의 평균유속이 2.5 m/s일 때, (a) Moody 선도 및 (b) Haaland식을 사용하여 마찰계수를 구하라. 물의 온도는 20℃이다.

풀이 (a) Moody 선도

물성치 ρ와 μ는 표 A-2, 조도 e는 표 5-2로부터 구한다.

$$\mathrm{Re} = \frac{\rho VD}{\mu} = \frac{998\mathrm{kg/m^3} \cdot 2.5\mathrm{m/s} \cdot 0.2\mathrm{m}}{0.001002\mathrm{kg/m \cdot s}} = 498{,}004$$

$$\frac{e}{D} = \frac{0.26\mathrm{mm}}{200\mathrm{mm}} = 0.0013$$

Re 수와 상대조도(e/D)를 그림 5-5의 Moody 선도에 적용하면,

$f \approx 0.021$

(b) Haaland식 ; $f = \dfrac{0.3086}{\left\{\log\left[\dfrac{6.9}{\mathrm{Re_D}} + \left(\dfrac{e/D}{3.7}\right)^{1.11}\right]\right\}^2}$

따라서

$$f = \frac{0.3086}{\left\{\log\left[\dfrac{6.9}{498{,}004} + \left(\dfrac{0.0013}{3.7}\right)^{1.11}\right]\right\}^2} = 0.0214$$

예제 5-9 총수두손실

그림과 같이 원형관과 관부속품으로 구성된 배관시스템이 있다. 시스템은 나사형 90° 엘보우(elbow) 4개, globe 밸브 한 개, 수도꼭지 한 개 등으로 구성되었다. 관의 직경은 20 mm, 총길이는 19 m이며, 체적유량은 Q = 0.8L/s 이다. 시스템에 대한 총수두손실을 계산하라. 물의 온도는 15℃이다. 상용강관을 적용한다.

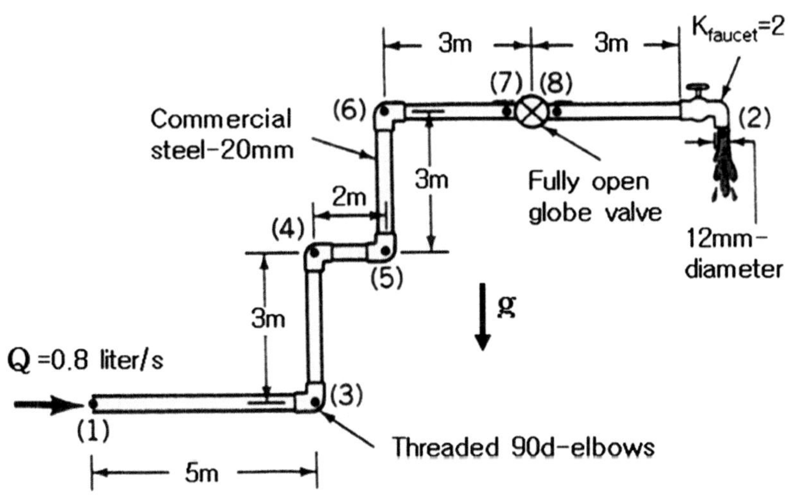

풀이 적용식 ; $h_L = h_M + h_m = \left(f\frac{L}{D} + \Sigma K\right)\left(\frac{V^2}{2g}\right)$

여기서

$$V = \frac{Q}{A} = \frac{0.8/1000\text{m}^3/\text{s}}{\pi(0.02\text{m})^2/4} = 2.546\,\text{m/s}$$

$$Re = \frac{\rho VD}{\mu} = \frac{999(2.546)0.02}{0.001138} = 44,700 \text{ [표 A-2]}$$

$$f = \frac{0.3086}{\left\{\log\left[\frac{6.9}{Re_D} + \left(\frac{e/D}{3.7}\right)^{1.11}\right]\right\}^2}$$

$$= \frac{0.3086}{\left\{\log\left[\frac{6.9}{44,700} + \left(\frac{0.046/1000/0.02}{3.7}\right)^{1.11}\right]\right\}^2} = 0.0272 \text{ [e ; 표 5-2]}$$

$$\Sigma K = K_{globe} + 4K_{90°,elbow} + K_{faucet} = 10 + 4(1.5) + 2 = 18 \text{ [표 5-6]}$$

따라서

$$h_L = \left(0.0272\frac{19}{0.02} + 18\right)\left(\frac{2.546^2}{2\times 9.81}\right) = 14.48\,\text{m}$$

예제 5-10 압력손실

기름(비중=0.9, 점성계수=0.06Pa·s)이 직경 10 cm인 원형관을 통하여 3 km 떨어진 지점으로 수송되고 있다. 기름의 유량이 3 L/s일 때, 발생하는 압력손실을 구하라.

풀이 적용식 ; $\Delta P = \rho g h_L = \rho g h_M = \rho g f\frac{L}{D}\left(\frac{V^2}{2g}\right) = f\frac{L}{D}\left(\frac{\rho V^2}{2}\right)$

여기서

$$V = \frac{Q}{A} = \frac{3/1000\text{m}^3/\text{s}}{\pi(0.1\text{m})^2/4} = 0.382\,\text{m/s}$$

$$Re = \frac{\rho VD}{\mu} = \frac{(0.9\times 1000\text{kg/m}^3)\cdot 0.382\text{m/s}\cdot 0.1\text{m}}{0.06\text{kg/m}\cdot\text{s}} = 573 < 2300$$

$\Rightarrow$ 층류

$$f = \frac{64}{Re} = \frac{64}{573} = 0.112$$

따라서

$$\Delta P = 0.112 \frac{3000}{0.1}\left(\frac{900 \times 0.382^2}{2}\right) = 220,637\text{Pa} = 220.64\text{kPa}$$

예제 5-11 상당길이

지름이 10 cm인 관의 마찰계수는 f =0.025이다. 관에 부착된 밸브의 손실계수가 K =8일 때, 부차적 수두손실에 해당하는 관의 상당길이는 얼마인가?

풀이 $L_e = \frac{K \cdot D}{f} = \frac{8(0.1\text{m})}{0.025} = 32\text{m}$

5 내부 유동 문제에 대한 해법

[1] 개요

파이프 장치를 통한 압력강하에 영향을 주는 인자를 함수형식으로 표현하면 다음과 같다.

$$\Delta P = \phi(L,\ Q,\ D,\ e,\ \Delta z,\ \rho,\ \mu,\ \text{형상})$$

비압축성유체의 유동에서 유체의 성질(ρ, μ)은 일정하다. 조도 e, 높이 변화 Δz, 그리고 장치의 형상 등은 파이프 장치의 설계에 따라 다르지만, 주어진 장치와 유체에 대해 이러한 변수들이 정해지면 함수관계는 아래와 같이 쓸 수 있다.

$$\Delta P = \phi(L, Q, D)$$

이 식은 4개의 변수에 대한 관계식이다. 따라서 다음과 같은 4가지의 경우가 가능하게 된다.

(A) L, Q, D $\Rightarrow$ ΔP

(B) ΔP, Q, D $\Rightarrow$ L

(C) ΔP, L, D $\Rightarrow$ Q

(D) ΔP, L, Q $\rightarrow$ D

(A)와 (B)의 경우는 연속방정식과 확장된 Bernoulli 방정식, 그리고 손실에 관련된 자료들을 이용하여 직접 풀 수 있다. (C)와 (D)의 경우도 동일한 방정식과 자료를 이용하여 풀 수 있으나 반복 계산이 필요하다.

[2] 해석 순서

(1) L, Q, D → ΔP

① Reynolds 수, e/D 를 이용하여 경험식 또는 Moody 선도로부터 마찰계수(f)를 계산하고 표 5-5, 표 5-6 등으로부터 손실계수(K)를 찾는다.

② 마찰계수와 손실계수를 이용하여 주손실 및 부손실을 계산한다.

$$h_L = h_M + h_m = \left(f\frac{L}{D} + \Sigma K\right)\frac{V^2}{2g}$$

③ 확장된 Bernoulli 방정식을 사용하여 압력강하(ΔP) 등을 계산한다.

$$\frac{P_1}{\rho g} + \frac{V_1^2}{2g} + z_1 = \frac{P_2}{\rho g} + \frac{V_2^2}{2g} + z_2 + h_L$$

(2) ΔP, Q, D → L

① Reynolds 수, e/D를 이용하여 경험식 또는 Moody 선도로부터 마찰계수(f)를 계산하고 표 5-5, 표 5-6 등으로부터 손실계수(K)를 찾는다.

② 확장된 Bernoulli 방정식을 사용하여 관의 길이(L)를 계산한다.

$$\frac{P_1}{\rho g} + \frac{V_1^2}{2g} + z_1 = \frac{P_2}{\rho g} + \frac{V_2^2}{2g} + z_2 + \left(f\frac{L}{D} + \Sigma K\right)\frac{V^2}{2g}$$

(3) ΔP, L, D → Q

① 확장된 Bernoulli 방정식과 수두손실식을 결합하여 마찰계수(f)에 대한 평균속도(V) 또는 유량(Q)의 관계식을 유도한다.

$$\left(\frac{P_1}{\rho g}+\frac{V_1^2}{2g}+z_1\right)-\left(\frac{P_2}{\rho g}+\frac{V_2^2}{2g}+z_2\right)=\left(f\frac{L}{D}+\Sigma K\right)\frac{V^2}{2g}$$

② 공학적으로 관심있는 대부분의 유동은 Reynolds 수가 비교적 크므로 완전 난류 유동이라 가정하고 마찰계수(f)를 선정한다.

③ 가정된 f값을 이용하여 첫 번째 근사값 V를 계산한다.

④ 근사값 V를 이용하여 Reynolds 수를 계산한다.

⑤ Reynolds 수와 새로 계산된 f값을 이용하여 두 번째 근사값 V을 계산한다.

⑥ ④~⑤의 과정을 반복하여 반복에 따른 V의 변화가 일정 값 이하일 때, $Q=V(\pi D^2/4)$를 이용하여 유량을 계산한다.

마찰계수 f는 Reynolds 수의 변화에 대해 많은 영향을 받지 않기 때문에 2~3회의 반복 계산으로 수렴된 해를 얻을 수 있다.

(4) ΔP, L, Q → D

유체를 취급하는 장치와 파이프 장치의 기하학적 형상이 주어지면, 유동 문제는 유량을 송출할 수 있는 최소 파이프의 크기를 결정하는 것이다.

① 파이프의 직경(D)을 가정한다.

② 가정된 직경을 이용하여 Reynolds 수와 조도(e/D)를 계산한다.

③ Re와 e/D를 이용하여 마찰계수를 계산한다.

④ 수두손실식과 에너지방정식을 사용하여 압력강하(ΔP)를 계산한다.

⑤ 계산된 ΔP와 장치의 요구조건인 ΔP와 비교한다.

⑥ 요구조건에 만족될 때까지 ①~⑤의 과정을 반복 수행한다.

파이프의 크기를 선택함에 있어서 실제로 생산되는 상용 파이프의 직경으로 결정하는 것이 바람직하다.

예제 5-12 L, Q, D ⇒ ΔP(또는 Δz) : (A)에 해당하는 문제

그림과 같이 물을 저장하는 탱크로부터 물을 공급받아 사용한다. 탱크에 연결된 원형관($e=0$)의 직경은 D = 70 mm, 길이는 L = 120 m이다. 체적유량 10L/s를 유지시키기 위한 깊이(h)를 구하라. 원형관의 입구는 직각 모서리이며, 물의 밀도와 점도는 999 kg/m³, 0.001144 kg/m · s이다.

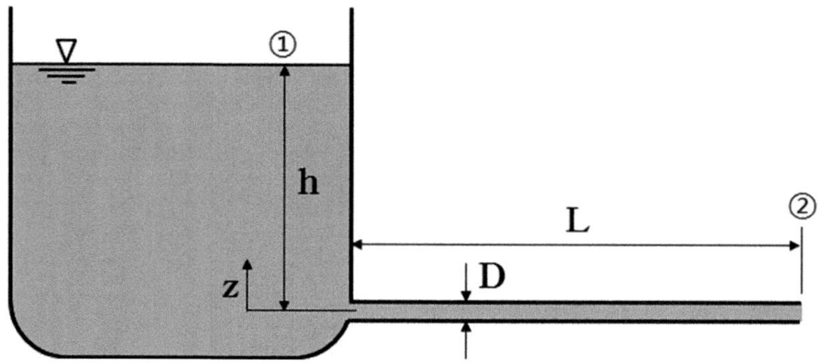

풀이 ① Reynolds 수, e/D를 이용하여 마찰계수(f)를 계산한다.

$$V = \frac{Q}{A} = \frac{0.01\text{m}^3/\text{s}}{\pi(0.07\text{m})^2/4} = 2.598\,\text{m/s}$$

$$\text{Re} = \frac{\rho VD}{\mu} = \frac{999\text{kg/m}^3 \cdot 2.598\text{m/s} \cdot 0.07\text{m}}{0.001144\text{kg/m} \cdot \text{s}} = 158{,}810$$

식(5-12b)를 이용하여 다음과 같이 f를 구한다.

$$f = \frac{0.3086}{\left\{\log\left[\frac{6.9}{Re_D} + \left(\frac{e}{3.7D}\right)^{1.11}\right]\right\}^2} = \frac{0.3086}{\left\{\log\left[\frac{6.9}{158810} + 0\right]\right\}^2} = 0.0162$$

② 마찰계수를 이용하여 주손실 및 부손실을 계산한다.

$$h_L = \left(f\frac{L}{D} + \Sigma K\right)\left(\frac{V^2}{2g}\right) = \left(0.0162\frac{120\text{m}}{0.07\text{m}} + 0.5\right)\frac{(2.598\text{m/s})^2}{2 \cdot 9.8\text{m/s}^2} = 9.736\text{m}$$

[K;표 5-4]

③ 확장된 Bernoulli 방정식을 사용하여 물의 깊이(h)를 계산한다.

여기서 $P_1 = P_2 = P_{atm}$, $V_1 = 0$, $V_2 = V$, $z_1 = h$, $z_2 = 0$이다.

$$\frac{P_1}{\rho g} + \frac{V_1^2}{2g} + z_1 = \frac{P_2}{\rho g} + \frac{V_2^2}{2g} + z_2 + h_L$$

따라서

$$h = \frac{V^2}{2g} + h_L = \frac{(2.598\text{m/s})^2}{2 \cdot 9.8\text{m/s}^2} + 9.736\text{m} = 10.08\text{m}$$

예제 5-13 $\Delta P,\ Q,\ D \Rightarrow L$: (B)에 해당하는 문제

저수지의 물을 흡입하여 500 kPa의 압력으로 송출하는 펌프가 있다. 물을 수송하는 원형관은 상업용 강관이고 직경은 5 cm이며, 필요한 체적유량은 30 L/s이다. 이 펌프를 이용하여 물을 보낼 수 있는 관의 길이를 구하라. 물의 밀도와 점도는 999 kg/m^3, 0.001144 kg/m · s이다.

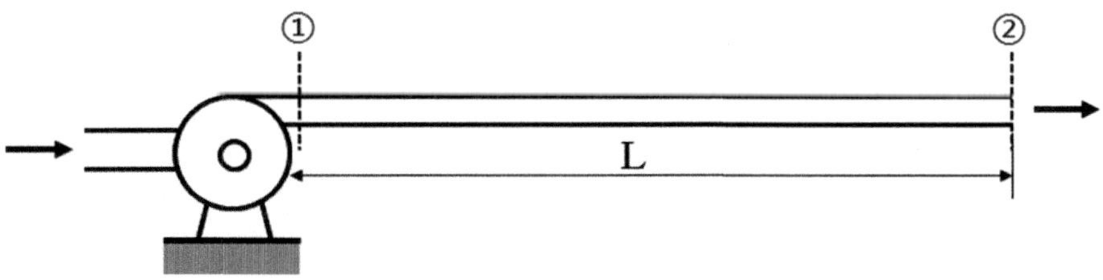

풀이 ① Reynolds 수, e/D를 이용하여 마찰계수(f)를 계산한다.

$$V = \frac{Q}{A} = \frac{0.03\text{m}^3/\text{s}}{\pi(0.05\text{m})^2/4} = 15.28\,\text{m/s}$$

$$Re = \frac{\rho VD}{\mu} = \frac{999\text{kg/m}^3 \cdot 15.28\text{m/s} \cdot 0.05\text{m}}{0.001144\text{kg/m}\cdot\text{s}} = 667{,}164$$

식(5-12b)를 이용하여 다음과 같이 f를 구한다.

$$f = \frac{0.3086}{\left\{\log\left[\frac{6.9}{Re_D} + \left(\frac{e}{3.7D}\right)^{1.11}\right]\right\}^2}$$

$$= \frac{0.3086}{\left\{\log\left[\frac{6.9}{667164} + \left(\frac{0.046\times10^{-3}}{3.7\times0.05}\right)^{1.11}\right]\right\}^2}$$

$= 0.0197$ [e ; 표 5-2]

② 확장된 Bernoulli 방정식을 사용하여 관의 길이(L)를 계산한다. 여기서 $P_2 = P_{atm},\ V_1 = V_2 = V,\ z_1 = z_2,\ \Sigma K = 0$이다.

$$\frac{P_1}{\rho g}+\frac{V_1^2}{2g}+z_1=\frac{P_2}{\rho g}+\frac{V_2^2}{2g}+z_2+\Sigma\left(f\frac{L}{D}+K\right)\frac{V^2}{2g}$$

따라서

$$L=\frac{2D(P_1-P_2)}{f\rho V^2}=\frac{2(0.05)(500-101.3)1000}{0.0197(999)(15.28)^2}=8.677[m]$$

6 유량 측정

유량계는 크게 교축유량계와 선형유량계로 분류할 수 있다. 교축유량계에는 오리피스판, 유동노즐, 벤츄리 등이 있으며 선형유량계에는 플로트식 유량계 등이 있다.

[1] 이론적인 질량유량

내부유동을 위한 대부분의 교축유량계는 그림 5-7에 도시된 바와 같이 노즐의 형태를 통하여 유체유동을 가속시키는 데 기초를 두고 있다. 이론적인 유량은 Bernoulli 방정식과 연속방정식을 (1)점과 (2)점에 적용함으로써 구할 수 있다.

$$\rho_1 V_1 A_1=\rho_2 V_2 A_2$$

그리고

$$\frac{P_1}{\rho_1 g}+\frac{V_1^2}{2g}+z_1=\frac{P_2}{\rho_2 g}+\frac{V_2^2}{2g}+z_2$$

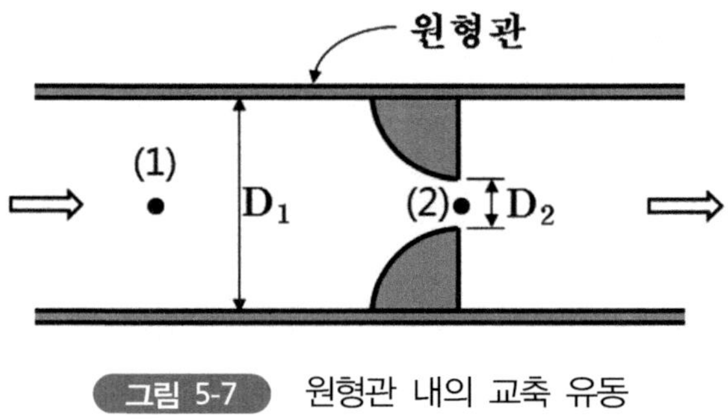

그림 5-7 원형관 내의 교축 유동

여기서 ρ=일정, $z_1 = z_2$ 및 $(VA)_1 = (VA)_2$이므로 식을 단순화시키고 정리하면 다음과 같다.

$$P_1 - P_2 = \frac{\rho}{2}\left(V_2^2 - V_1^2\right) = \frac{\rho V_2^2}{2}\left\{1 - \left(\frac{V_1}{V_2}\right)^2\right\}$$

$$= \frac{\rho V_2^2}{2}\left\{1 - \left(\frac{A_2}{A_1}\right)^2\right\} = \frac{\rho V_2^2}{2}\left(1 - \beta^4\right)$$

또는

$$V_2 = \sqrt{\frac{2(P_1 - P_2)}{\rho(1 - \beta^4)}} \quad \text{그리고} \quad \beta = \frac{D_2}{D_1}$$

따라서

$$\dot{m}_{ideal} = \rho A_2 V_2 = \rho A_2 \sqrt{\frac{2(P_1 - P_2)/\rho}{1 - \beta^4}} = A_2 \sqrt{\frac{2\rho(P_1 - P_2)}{1 - \beta^4}} \qquad (5\text{-}22)$$

[2] 오리피스 판

오리피스 판(orifice plate)은 그림 5-8과 같이 관 플랜지(pipe flange) 사이에 고정시키는 얇은 판이다. 기하학적 형상이 간단하기 때문에 설치 또는 교체하기 쉽고 가격이 싸다.

실제유량은 이론적인 유량과 다르기 때문에 유량계수(flow coefficient) C와 다른

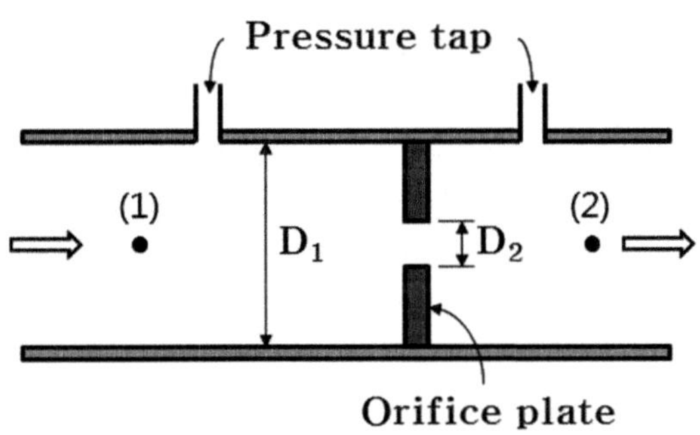

그림 5-8 오리피스 판

형태의 유량계수 K를 사용하여 보정할 수 있다. 식은 다음과 같이 표현된다.

$$\dot{m}_{real} = C\,\dot{m}_{ideal} = C\,A_2\sqrt{\frac{2\rho(P_1-P_2)}{1-\beta^4}} = \frac{C}{\sqrt{1-\beta^4}}A_2\sqrt{2\rho(P_1-P_2)}$$

즉,

$$\dot{m}_{real} = K\ A_2\sqrt{2\rho(P_1-P_2)} \tag{5-23a}$$

$$K = \frac{C}{\sqrt{1-\beta^4}} \tag{5-23b}$$

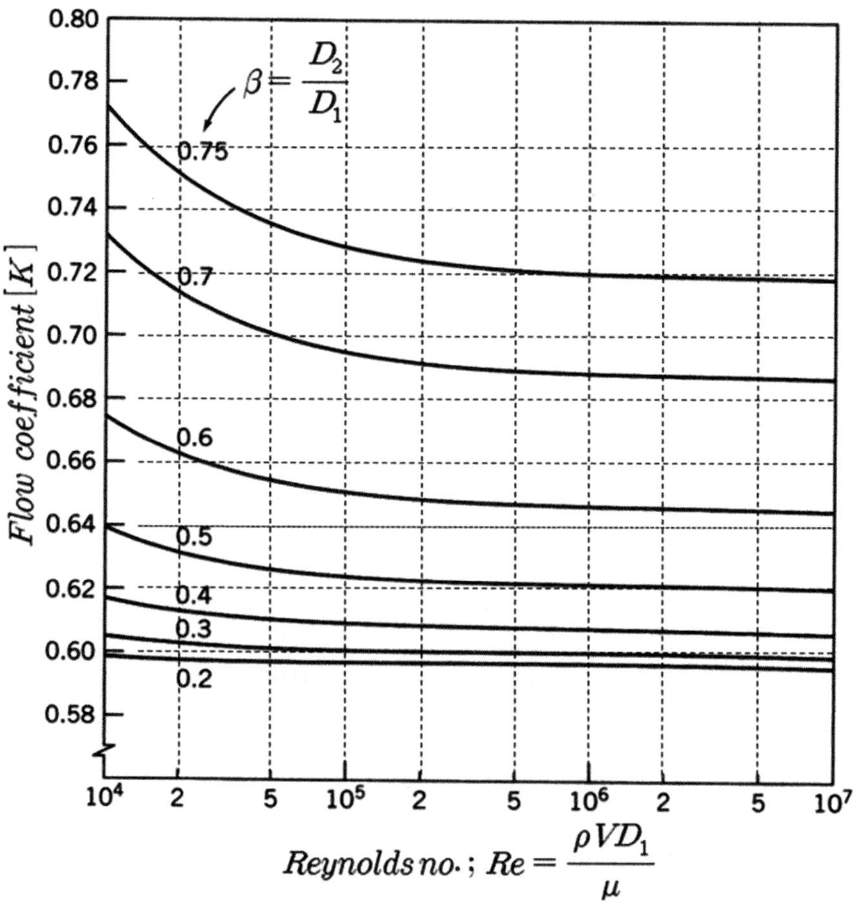

그림 5-9 오리피스의 유량계수[K]

$$\beta = \frac{D_2}{D_1} \tag{5-23c}$$

그림 5-9는 레이놀즈수와 직경비의 함수로 유량계수 K를 나타낸 그림이다. 유량계수 C에 대하여 추천되는 상관관계식은 다음과 같다.

$$C = 0.5959 + 0.0312\beta^{2.1} - 0.184\beta^{8} + \frac{91.71\beta^{2.5}}{Re_{D_1}^{0.75}} \tag{5-24}$$

이 식은 지름비 $0.2 < \beta < 0.75$ 및 $10^4 < Re_{D1} < 10^7$의 범위에서 $\pm 0.6\%$ 오차 내의 유량계수를 예측할 수 있다.

[3] 유동 노즐

유동 노즐(flow nozzle) 유량계는 그림 5-10과 같이 타원 형태로 된 노즐이 부착된 것이다. 노즐 단면은 대략 1/4 타원이다. ASME가 긴 반경의 유동노즐에 대하여 추천한 상관관계식은 다음과 같다.

$$C = 0.9975 - \frac{6.53\beta^{0.5}}{Re_{D1}^{0.5}} \tag{5-25}$$

이 식은 $0.25 < \beta < 0.75$ 및 $10^4 < Re_{D1} < 10^7$의 범위에서 $\pm 2.0\%$ 오차 내의 유량계수를 예측할 수 있다. 그림 5-11은 레이놀즈수와 직경비의 함수로 유동노즐의 유량계수 K를 나타낸 그림이다.

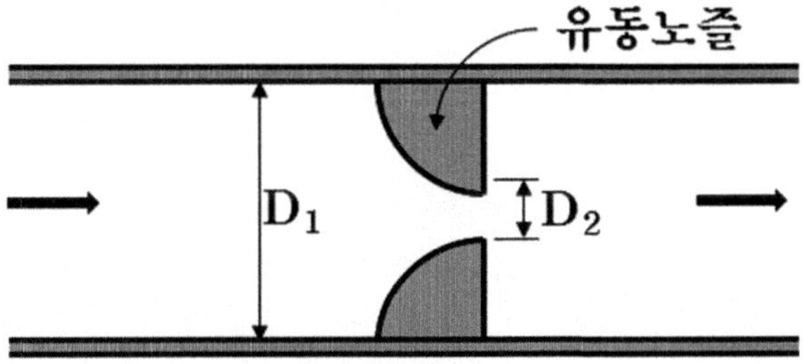

그림 5-10 유동노즐

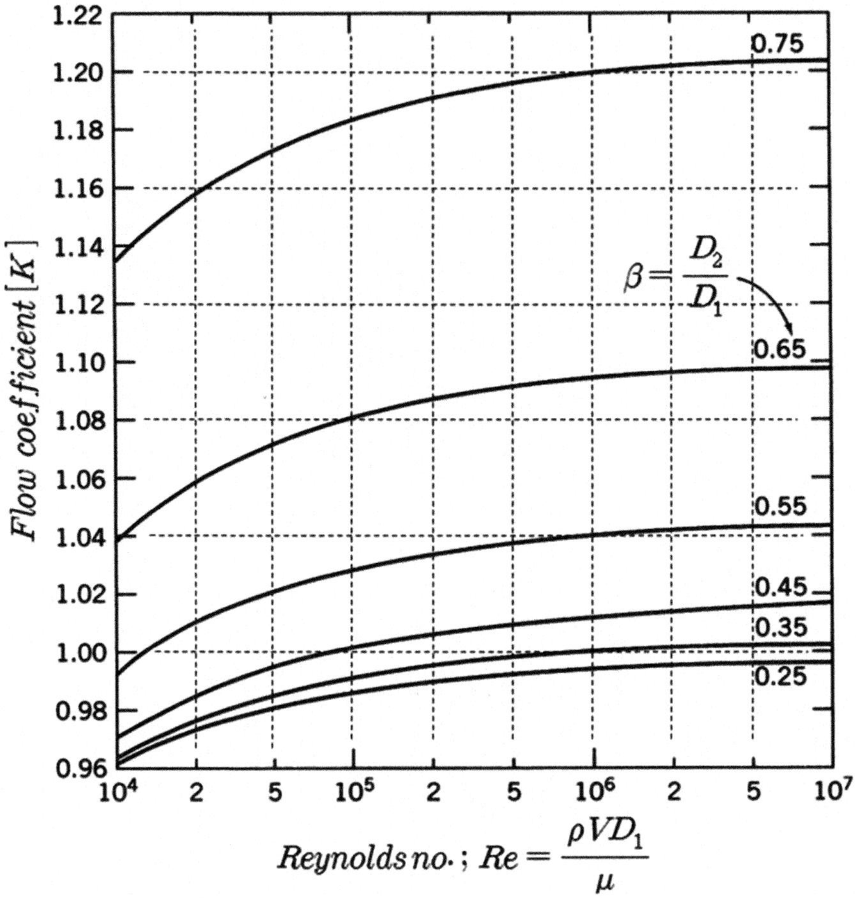

그림 5-11 유동노즐을 위한 유량계수[K]

예제 5-14 오리피스 유량계

그림과 같은 오리피스 유량계의 원형관을 통하여 공기가 흐르고 있다. 관의 직경은 $D_1 = 22$ cm이고, 직경비는 $\beta = 0.65$이며, 관을 흐르는 공기의 체적유량은 800 L/s이다. 유량 측정에 이용되는 최대 압력은 3.3 kPa이다. 이와 같은 조건에서 Reynolds 수 및 유량계의 유량계수(K)를 결정하고 그 결과를 그림 5-9와 비교하라. 공기의 온도는 20℃이다.

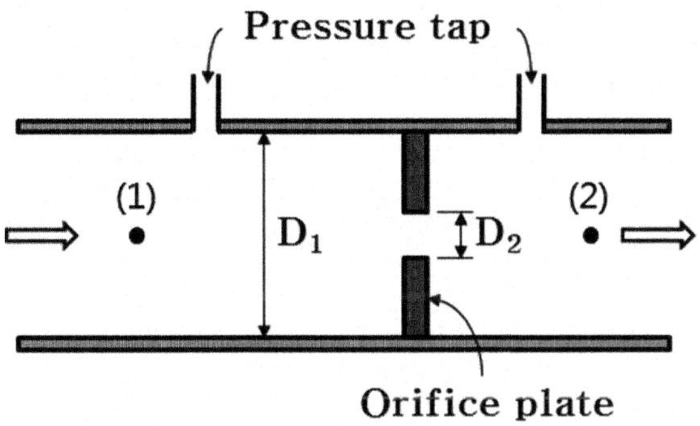

풀이

$$V = \frac{Q}{A} = \frac{0.8\text{m}^3/\text{s}}{\pi(0.22\text{m/s})^2/4} = 21.05\,\text{m/s}$$

공기의 물성치는 표 A-1로부터 구한다.

$$Re = \frac{\rho VD}{\mu} = \frac{1.2046\text{kg/m}^3 \cdot 21.05\text{m/s} \cdot 0.22\text{m}}{1.8206\times10^{-5}\text{kg/m}\cdot\text{s}} = 306{,}410$$

그리고

$$\dot{m}_{real} = KA_2\sqrt{2\rho(P_1-P_2)},\ K = \frac{C}{\sqrt{1-\beta^4}},\ \beta = \frac{D_2}{D_1}$$

여기서 $A_2/A_1 = (D_2/D_1)^2 = \beta^2$이므로 위의 식을 수정하면 다음과 같다.

$$\rho Q = K\beta^2 A_1\sqrt{2\rho(P_1-P_2)}$$

따라서

$$K = \frac{\rho Q}{\beta^2 A_1\sqrt{2\rho(P_1-P_2)}} = \frac{Q}{\beta^2 A_1}\sqrt{\frac{\rho}{2(P_1-P_2)}}$$

$$= \frac{0.8\text{m}^3/\text{s}}{0.65^2\cdot\pi(0.22\text{m})^2/4}\sqrt{\frac{1.2046\text{kg/m}^3}{2\cdot 3300\text{Pa}}} = 0.673$$

그리고, 그림 5-9 또는 식(5-23b), (5-23c), (5-24)를 이용하여 구한 K 값은 0.668이므로 실험으로 부터 얻은 0.673과 1% 미만의 오차를 보이며 잘 일치한다.

7 외부 유동

외부유동(external flow)은 무한한 유체 속에 잠겨 있는 물체 주위의 유동이다. 평판 위의 유동, 원통 주위의 유동, 그리고 비행기 날개 주위의 유동 등은 외부유동의 예이다.

내부유동은 앞장에서 서술한 바와 같이 입구영역과 완전발달된 영역으로 구분되어 해석된다. 그러나 외부유동은 경계층의 발달에 제약이 없기 때문에 유동의 전 지역에 대하여 층류 또는 층류와 난류가 혼합된 혼합류로 구분하여 해석한다.

[1] 경계층

경계층(boundary layer)의 개념은 1904년에 독일의 유체역학자인 Ludwig Prandtl에 의해 처음으로 소개되었다. Prandtl이 제안한 경계층 이론에 의하면 그림 5-12와 같이 고체 표면을 지나는 유동은 고체 표면에 인접한 얇은 층의 내부 영역(경계층 영역)과 고체표면으로부터 멀리 떨어진 외부영역(자유흐름 영역)으로 나누어진다.

경계층 영역에서는 유체의 점성 영향으로 전단응력이 존재하고 이로 인하여 속도 구배(위치에 따른 속도 차이)가 발생하므로 속도는 고체 표면에서의 영(0)으로부터 자유유동속도(U)까지 변한다.

선박과 잠수함 선체 표면, 항공기 날개 표면에서의 유동 등 실제 유동의 경우에서 경계층은 표면을 따라 길게 발달한다. 이러한 모든 유동들을 그림 5-12와 같은 평판

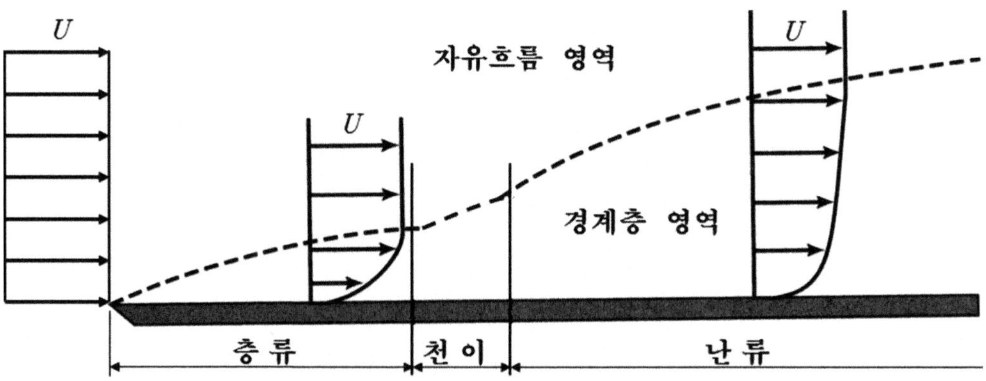

그림 5-12 평판 위의 경계층

주위의 유동으로 단순화시킴으로써 유동의 기본적 특성이 반영된 많은 결과들을 얻을 수 있다.

그림에서 점선으로 표시된 부분이 경계층이다. 유동은 평판 입구에서 층류로 형성되다가 천이영역(transition region)을 지나 난류로 확장된 후 하류로 계속 이어진다.

평판인 경우, 천이가 발생하는 Reynolds수는 일반적으로 500,000이다. 자유흐름속도가 U =30 m/s인 표준상태의 공기인 경우, 천이는 평판의 x ≈ 0.24m되는 지점에서 발생한다.

$$(\mathrm{Re}_{transition})_{flat-plate} \approx 500{,}000 \tag{5-26}$$

경계층은 고체 표면에 인접한 점성력이 중요시되는 영역이다. 경계층 두께(boundary thickness), δ는 일반적으로 표면에서부터 속도가 자유흐름속도(U)의 99%에 해당되는 위치까지의 거리로 정의된다. 경계층 두께의 정의를 그림으로 나타내면 그림 5-13과 같다.

예를 들어, 평행평판을 지나는 공기유동에서 공기의 속도가 10 m/s인 경우 평판의 선단에서 50 cm 떨어진 지점에서의 경계층 두께는 약 5 mm이다.

[2] 평판(Flat Plate) 위의 유동

(1) 층류 경계층

수평으로 놓여 있는 평판 위의 층류 경계층 유동에 대한 해는 Prandtl의 제자인 H.

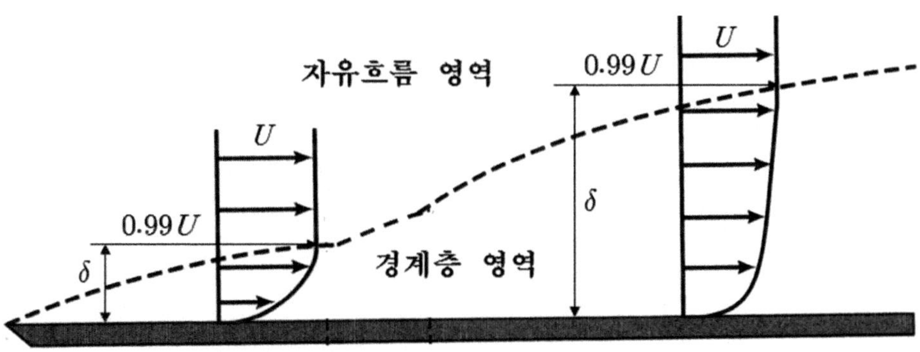

그림 5-13 경계층 두께(δ)

Blasius에 의해 1908년에 구해졌다. 이 결과를 바탕으로 압력구배가 영(0)인 2차원, 정상상태, 비압축성 유동에 대하여 경계층 두께 δ, 벽면 전단응력 τ 및 표면마찰계수 C_f를 구할 수 있으며 결과식은 다음과 같다.

$$\delta = \frac{5x}{\sqrt{Re_x}} \tag{5-27}$$

$$\tau_w = \left(\mu \frac{\partial u}{\partial y}\right)_{y=0} = \frac{0.332\rho U^2}{\sqrt{Re_x}} \tag{5-28}$$

$$C_f = \frac{\tau_w}{\rho U^2/2} = \frac{0.664}{\sqrt{Re_x}} \tag{5-29}$$

(2) 난류 경계층

난류에 대한 속도분포는 수학적으로 매우 복잡하여 운동량 적분방정식으로는 쉽게 해결할 수가 없다. 운동량 적분방정식의 근사해를 이용하여 경계층 두께 및 표면마찰계수를 나타내면 다음과 같다.

$$\frac{\delta}{x} = 0.382\left(\frac{\nu}{Ux}\right)^{1/5} = \frac{0.382}{Re_x^{1/5}} \tag{5-30}$$

$$C_f = \frac{\tau_w}{\rho U^2/2} = \frac{0.0594}{Re_x^{1/5}} \tag{5-31}$$

실험결과와 비교해 보면, 위의 식은 $5 \times 10^5 < Re_x < 10^7$ 범위에서 평판 위의 난류 표면마찰을 아주 잘 예측하고 있다. 공학적인 유동 문제에서 난류 경계층은 매우 중요하다. 그러나 해석적인 접근이 어렵기 때문에 난류에 대한 수학적 모델을 이용하여 수치적으로 해를 얻고 있다.

예제 5-15 평판 위의 경계층(층류)

길이 L = 1.8 m, 폭 b = 0. 9m인 수평 평판의 표면 위로 공기가 3 m/s의 속도로 흐르고 있다. 유동 방향으로 0.5 m, 1 m, 1.5 m 되는 위치에서 경계층 두께 및 벽면 전단응력을 계산하라. 공기의 온도는 20℃이다.

풀이 공기의 점도와 밀도 등의 물성치는 A-1로부터 구한다.

$$\mathrm{Re_x} = \frac{\rho U x}{\mu} = \frac{1.2046\mathrm{kg/m^3} \cdot 3\mathrm{m/s} \cdot 1.8\mathrm{m}}{1.8206 \times 10^{-5}\mathrm{kg/m \cdot s}} = (1.9850 \times 10^5) \cdot 1.8$$

$$= 357,291 < 500,000 \quad \Rightarrow \quad \text{층류}$$

따라서

- $x = 0.5\mathrm{m}\ ;\ \delta = \dfrac{5.0x}{\sqrt{\mathrm{Re_x}}} = \dfrac{5(0.5)}{\sqrt{(1.9850 \times 10^5)0.5}} = 0.0079\mathrm{m} = 7.9\mathrm{mm}$
- $x = 1.0\mathrm{m}\ ;\ \delta = \dfrac{5(1.0)}{\sqrt{(1.9850 \times 10^5)1.0}} = 0.0112\mathrm{m} = 11.2\mathrm{mm}$
- $x = 1.5\mathrm{m}\ ;\ \delta = \dfrac{5(1.5)}{\sqrt{(1.9850 \times 10^5)1.5}} = 0.0137\mathrm{m} = 13.7\mathrm{mm}$

그리고

- $x = 0.5\mathrm{m}\ ;\ \tau_w = \dfrac{0.332\rho U^2}{\sqrt{\mathrm{Re_x}}} = \dfrac{0.332(1.2046)3^2}{\sqrt{(1.9850 \times 10^5)0.5}} = 0.0114\mathrm{Pa}$
- $x = 1.0\mathrm{m}\ ;\ \tau_w = \dfrac{0.332(1.2046)3^2}{\sqrt{(1.9850 \times 10^5)1.0}} = 0.0081\mathrm{Pa}$
- $x = 1.5\mathrm{m}\ ;\ \tau_w = \dfrac{0.332(1.2046)3^2}{\sqrt{(1.9850 \times 10^5)1.5}} = 0.0066\mathrm{Pa}$

예제 5-16 평판 위의 경계층(난류)

길이 L＝1.5 m, 폭 b＝1.0 m인 수평 평판의 표면 위로 20℃의 물이 1 m/s의 속도로 흐르고 있다. x＝L에서 경계층 두께 및 벽면 전단응력을 계산하라.

풀이

$$\mathrm{Re_x} = \frac{\rho U x}{\mu} = \frac{998(1)1.5}{0.001002} = 1,494,012 > 500,000 \quad \Rightarrow \quad \text{난류, [표 A-2]}$$

따라서

$$\delta = \frac{0.382}{\mathrm{Re_x^{1/5}}} x = \frac{0.382(1.5)}{(1,494,012)^{0.2}} = 0.0334\mathrm{m} = 33.4\mathrm{mm}$$

$$\tau_w = \frac{0.0594}{Re_x^{1/5}} \frac{\rho U^2}{2} = \frac{0.0594}{(1,494,012)^{0.2}} \frac{998(1)^2}{2} = 1.726 Pa$$

8 수격 작용

물이 흐르고 있는 배관에서 밸브를 급속히 폐쇄하면 밸브 직전의 압력이 현저하게 상승한다. 이것은 유체가 지금까지 갖고 있던 운동에너지(속도수두)가 순간적으로 압력에너지(압력수두)로 변환되어 밸브의 상류에서 압력이 급격히 상승하여 배관 내의 전수압(全水壓)이 일정하게 될 때까지 압력파가 왕복하게 된다. 이와 같이 배관 내의 유체 속도가 급격히 변화하여 압력변화를 일으키는 것을 워터 해머(water hammer) 또는 수격작용(水擊作用)이라고 한다. 이와 같은 워터 해머는 밸브 등을 급히 열어 정지 중인 배관 내의 물을 급격히 유동시킨 경우에도 발생한다. 이것은 한쪽에서 압력강하가 급격히 일어나기 때문에 배관 내의 반대쪽의 물이 동일한 압력이 되기 위해 급격히 밀려와 압력파가 되기 때문이다.

이 때의 압력파는 큰 에너지를 갖고 있고, 이 에너지가 관벽이나 배관 내의 밸브나 수전, 펌프 등에 작용하여 진동과 소음을 일으킨다. 이 현상은 배관 내의 파이프 및 기기류에 손상을 주며, 심한 경우에는 배관설비의 파손 및 누수와 같은 사고 원인이 된다.

압력파의 전파속도는 약 1,000 m/s로서, 곡관부나 밸브 몸통에 도달하면 그 일부는 반사하여 발생한 곳으로 역행하여 가며, 도달된 반사파는 위상(位相)이 반전되어 압력강하파로 된다. 압력파의 전파속도 a는 다음과 같다.

$$a = \sqrt{\frac{K/\rho}{1 + \frac{K}{E} \cdot \frac{D}{t}}} \tag{5-32}$$

여기서,

a : 압력파의 전파속도, m/s

K : 물의 체적탄성계수, Pa [상온의 깨끗한 물 : 2.03×10^9 Pa]

ρ : 물의 밀도, kg/m^3

E : 파이프 재료의 종탄성계수(Young률), Pa

[강관 : 2.06×10^{11} Pa, 스테인리스강관 : 1.93×10^{11} Pa

동관 : 1.2×10^{11} Pa, 경질염화비닐관 : 2.94×10^{9} Pa]

D : 배관의 내경, m

t : 관벽의 두께, m

수격압력은 밸브 등의 폐쇄 시간에 따라 달라지며, 수격파가 반사점까지 관 길이(L)를 왕복하는 시간은 2 L/a이다. 이 시간보다 밸브 등의 폐쇄 시간이 짧은 경우($T \leq 2L/a$)를 급폐쇄, 밸브 등의 폐쇄 시간이 긴 경우($T > 2L/a$)를 완폐쇄라고 한다. 급폐쇄의 경우 강한 수격작용이 발생하는데, 수격작용으로 인한 압력상승의 최대치는 다음과 같다.

$$P_{max} = \rho \cdot V \cdot a \tag{5-33}$$

여기서 V는 밸브를 폐쇄하기 직전의 물의 유속이고, ρ는 물의 밀도이다.

양수관에 발생하는 워터 해머는 펌프가 정지할 때 발생하며, 그 과정은 급수관에서보다 복잡하다. 운전 중인 펌프가 급격히 동력을 잃어버리면 관성력에 의해 펌프가 동작하기 때문에 회전수가 떨어지고 양정과 유량도 감소한다. 펌프의 회전속도가 어느 한도 이하가 되면 순간적으로 역류를 시작한다. 일반적으로 토출구에는 펌프 본체 및 회전차의 보호를 위해 체크 밸브가 설치되기 때문에 그 밸브가 급격히 닫히면 워터 해머가 발생한다. 양수관에서의 수격작용을 방지하기 위해서는 관성력의 균형이 깨지기 전에 토출부 측의 체크 밸브로서 처음에는 빨리, 그 다음에는 천천히 닫히는, 즉, 2단으로 작동하는 것을 사용하여 밸브를 닫아야만 한다.

이 외의 워터 해머 발생 원인으로서는 펌프 토출관의 압력이 물의 포화증기압 이하로 되면 그 부분에서 물이 기화되고, 물 속의 공기가 용출되면서 최종적으로 수주(水柱)가 분리된다. 이 현상을 수주분리(水柱分離)라고 한다. 수주분리가 일어나면 분리된 수주가 다시 결합하면서 수격작용이 발생한다. 관로에서의 수주분리에 대한 대책으로서 펌프의 관성효과를 변화시킨다든지 워터해머 흡수기 등을 설치하여 관로의 조건을 변화시킬 필요가 있다. 또한 펌프와 양수하려고 하는 수조 사이의 수평 거리가 떨어져 있는 경우에는 양수관의 수평배관을 가능한 한 낮은 위치에 설치하여 관내가 진공이 되는 것을 방지하는 등 계획 및 설계 단계에서 배관 경로를 고려할 필요가 있다.

예제 5-17 수격작용으로 인한 압력 상승

KS D 3595 규격의 스테인리스 강관 SU50 파이프(외경 48.6 mm, 두께 1.2 mm) 내부에 15℃의 물이 1.5 m/s의 유속으로 흐르고 있다. 밸브가 급폐쇄될 때 압력파의 전파속도와 배관 내 최대 압력 상승을 계산하라.

풀이 (1) 압력전파속도 a 는 식(5-32)를 이용하여 계산한다.

$$a = \sqrt{\frac{2.03 \times 10^9 Pa / 999 kg/m^3}{1 + \frac{2.03 \times 10^9 Pa}{1.93 \times 10^{11} Pa} \cdot \frac{48.6 - 1.2 \times 2}{1.2}}}$$

$$= 1202.6 m/s$$

(2) 최대 압력 상승 P_{max}는 식(5-33)을 이용하여 구한다.

$$P_{max} = \rho \cdot V \cdot a = 999 kg/m^3 \cdot 1.5 m/s \cdot 1202.6 m/s$$

$$= 1802153.9 Pa = 1.802 MPa$$

연 습 문 제

[1] 지름이 30 mm인 원형관 내로 20℃의 물이 5 m/s의 평균속도로 흐르고 있다. 레이놀즈수를 구하고 유동이 층류 또는 난류인지를 검토하라.

[2] 지름이 15 mm인 원형관에 15℃의 물이 0.02 kg/s의 유량으로 흐르고 있다. 평균속도와 레이놀즈수를 구하고 유동이 층류인지 아니면 난류인지를 판단하라.

[3] 지름이 15 mm인 원형관을 통하여 20℃의 물이 0.025 kg/s의 유량으로 흐르고 있다. 레이놀즈수 및 입구길이를 구하라.

[4] 지름이 30 mm인 원형관을 통하여 30℃의 물이 0.5 m/s의 속도로 유동하고 있다. 레이놀즈수 및 입구길이를 구하라.

[5] 지름이 80 mm인 원형관을 통하여 30℃의 공기가 5 m/s의 속도로 유동하고 있다. 레이놀즈수 및 입구길이를 구하라.

[6] 간단하면서도 정확한 점도계는 일정한 길이의 모세관으로 만들 수 있다. 유량과 압력강하가 측정되면 Newton 액체의 점도는 식 (5-7)로부터 계산할 수 있다. 어떤 모세관 점도계에서 얻은 임의의 유체($\rho = 999\text{kg/m}^3$)에 대한 자료가 다음과 같을 때, 유체의 점성계수를 구하라.

- 유량 : $Q = 880\text{mm}^3/\text{s}$
- 압력 손실 : $\Delta p = 1.0\text{MPa}$
- 원관의 길이 : $L = 1\text{m}$
- 원관의 직경 : $D = 0.5\text{mm}$

[7] 염수용액을 주사하기 위하여 내부 직경이 0.15 mm이고 길이가 30 mm인 주사침을 사용한다. 주사기의 플런저 직경은 10 mm이며, 플런저를 손가락으로 누르는 최대 힘은 $F = 60\text{N}$이다. 염수용액의 체적유량을 계산하라. 염수용액의 점성계수는 물(20℃)의 5배이다.

[8] 주사액을 주사하기 위하여 내부 직경이 0.2 mm이고 길이가 40 mm인 주사침을 사용한다. 허용되는 최대의 체적유량이 층류일 때, 최대의 체적유량 및 이 유량을 송출하는데 필요한 압력강하를 구하라. 주사액의 밀도와 점도는 20℃의 물과 동일하다.

[9] 수평으로 놓여있는 직경 2 cm, 길이 50 m인 원형관(e = 0.1 mm)을 통해 20℃의 물이 0.3 kg/s의 유량으로 흐른다. Haaland의 마찰계수식 (5-12b)를 사용하여 마찰계수(f) 및 수두손실을 구하라. 부손실은 무시한다.

[10] 그림과 같은 배관시스템이 나사형 90° 엘보우 3개, globe 밸브 한 개, gate 밸브 한 개로 구성되었다. 관의 직경은 20 mm, 총길이는 50 m이며, 체적유량은 Q = 2 L/s이다. Haaland의 마찰계수식 (5-12b)를 사용하여 시스템에 대한 총수두손실을 구하라. 관은 상업용 강관(e = 0.046 mm)이며, 물의 온도는 15℃이다.

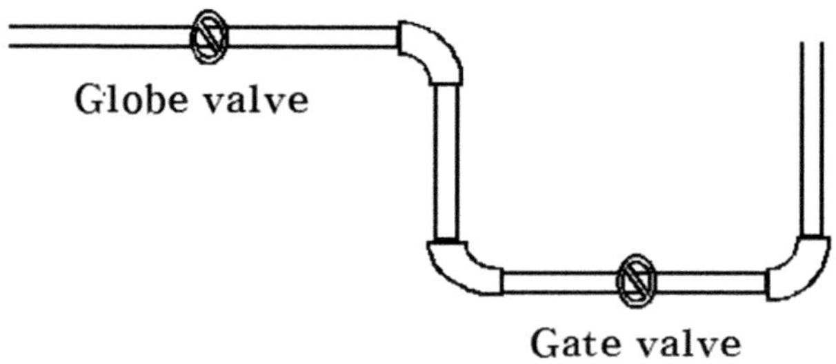

[11] 앞의 문제 [10]를 다음과 같이 표현되는 Colebrook의 마찰계수식(다른 형태의 마찰계수식)을 사용하여 반복하고 그 결과를 비교하라.

$$f = \frac{1.325}{\{\ln[(e/D/3.7) + (5.74/Re^{0.9})]\}^2}$$

[12] 앞의 예제 [5-12]을 고려한다. 체적이 매우 큰 탱크에 연결된 원형관(e = 0.046 mm)의 직경 D = 80 m, 길이 L = 100 m이다. 체적유량 8 L/s의 유지에 필요한 물의 깊이(h)를 구하라. 원형관의 입구는 직각 모서리(K = 0.5)이며, 물의 온도는 15℃이다.

[13] 앞의 예제 [5-13]에서 펌프의 송출압력은 400 kPa이며, 관의 출구압력은 대기압 (100 kPa)이다. 원형관은 상업용 강관이고 직경은 3 cm이며, 체적유량은 15 L/s 이다. 이 펌프를 이용하여 물을 보낼 수 있는 관의 길이를 구하라. 물의 온도는 15°이다.

[14] 규모가 작은 수영장의 물을 배수하기 위하여 내부 직경이 20 mm인 호스를 사용한다. 호스의 길이는 40 m이고, 내부 표면의 조도는 e = 0.2 mm이며, 호스 출구에서 물의 속도는 1.3 m/s이다. 중력에 의한 배수를 위하여 호스의 끝은 수영장의 바닥보다 3 m 아래에 있다. 조도가 없는 경우와 있는 경우를 고려하여 수영장의 물의 깊이를 구하라.

[15] 10℃의 물이 저장조 A로부터 저장조 B로 흐른다. 관은 주철관(e = 0.26 mm)이고 관의 길이는 20 m이며, 유량은 Q = 2 L/s이다. 배관시스템은 직각 모양의 입구(k = 0.5)와 6개의 90° 엘보(elbow)로 구성되었다. 조건에 만족되는 관의 직경을 구하라.

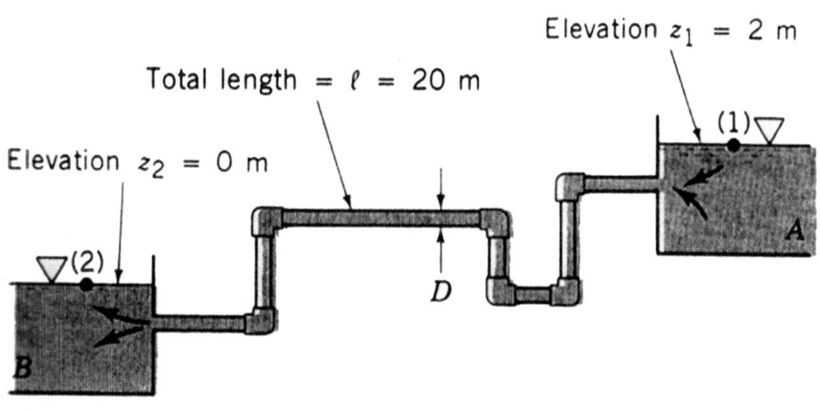

[16] 공기가 수평으로 놓여있는 아연도강관(e = 0.15 mm) 내를 Q = 55 L/s의 유량으로 흐르고 있다. 관 길이 30 m당 압력강하량이 3.5 kPa 이하가 되기 위한 최소 직경을 구하라. 공기의 온도는 20℃이다.

[17] 공기가 1 m^3/s의 유량으로 지름 0.25 m인 덕트 내로 흐른다. 유량 측정을 위하여 관 내에 오리피스를 설치하며, 이용 가능한 액주계의 최대수두는 300 mm ($\Delta P = 2{,}940$ Pa)이다. 식 (5-20)과 식 (5-21)을 사용하여 모서리 탭이 부착된 오리피스 판의 지름을 구하라. 공기의 온도는 20℃이다.

[18] 직경이 60 mm인 노즐 유량계 내를 에틸알콜(ethyl alcohol)이 흐르고 있다. 노즐에서 발생하는 압력강하는 4.0 kPa이며, 유량은 3 L/s이다. 노즐 축소부의 직경을 구하라. 에틸알콜의 물성치는 다음과 같다.

- 에틸알콜 ; $\rho = 789 kg/m^3$, $\mu = 1.19 \times 10^{-3}$ Pa・s

[19] 온도가 30℃인 대기공기가 25 m/s의 속도로 평판 위를 흐르고 있다. 선단에서 $x = 1$, 10, 100 mm인 위치에서의 경계층두께 및 벽전단응력을 계산하라.

[20] 길이가 1 m인 평판 위를 온도가 25℃인 물이 6 m/s의 속도로 평행유동하고 있다. 천이(transition)가 발생하는 지점을 구하고 평판 끝에서의 경계층 두께 및 벽면 전단응력을 결정하라.

[21] KS D 3595 규격의 스테인리스 강관 SU100 파이프(외경 114.3 mm, 두께 2 mm) 내부에 15℃의 물이 2.5 m/s의 유속으로 흐르고 있다. 밸브가 급폐쇄될 때 압력파의 전파속도와 배관 내 최대 압력 상승을 계산하라.

제 6 장

펌프

1 펌프의 분류 및 작동 원리

펌프는 액체에 에너지를 가하여 속도와 압력을 높이는 기계이다. 소방 설비에서 물은 펌프로부터 얻은 압력과 유속으로 인하여 낮은 곳에서 높은 곳으로 이동할 수 있고, 큰 유속으로 화재가 발생한 곳으로 방수되기도 한다. 따라서 소방설비를 포함한 기계설비의 심장과 같은 역할을 하는 것이 펌프이다.

[1] 펌프의 분류

펌프는 구조상으로 터보형, 용적(容積)형, 특수형으로 대별되며, 작동원리로는 원심

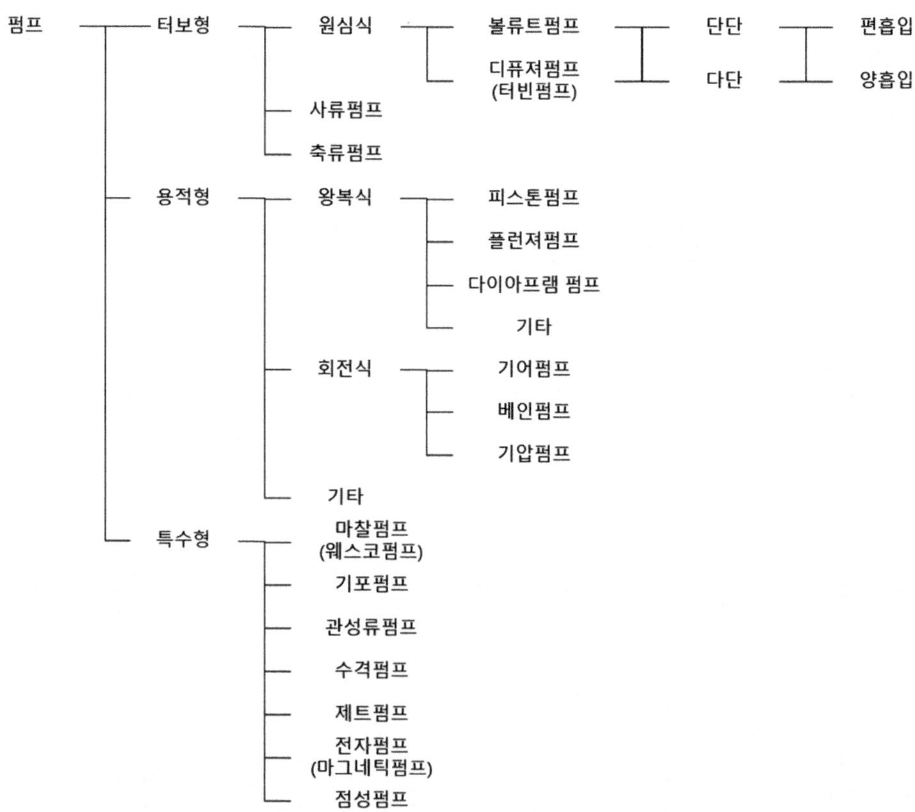

그림 6-1 펌프의 구조 및 작동 원리에 따른 분류

(遠心)식, 왕복동(往復動)식, 회전(回轉)식 등이 대표적이다. 그림 6-1에 펌프의 구조 및 작동 원리에 따라 분류하였다. 소방용 펌프로는 주로 원심펌프가 사용된다.

[2] 터보형 펌프의 작동 원리 및 특징

그림 6-2의 볼류트 펌프(volute pump)는 케이싱과 회전차(回轉車, 임펠러)로 구성되며, 디퓨저 펌프(diffuser pump, 터빈 펌프라고도 함)는 회전차 주위에 디퓨저(안내날개 또는 고정날개)를 갖고 있다. 펌프의 회전차가 회전하면, 회전차의 중심(impeller eye)은 진공이 되고, 진공에 의해 흡입된 물은 원심력에 의해 원주 방향의 속도 에너지를 받는다. 물이 좁은 회전차를 벗어나 넓은 케이싱 부로 유입되면 속도가 줄고(연속방정식), 속도 에너지가 압력에너지로 변환된다(베르누이 방정식).

속도에너지가 압력에너지로 변환되는 효율을 높이는 역할을 하는 것이 디퓨저 펌프의 디퓨저(안내날개)이며, 디퓨저 펌프가 볼류트 펌프 보다 고양정(高揚程)이 되는 원리이다.

펌프의 양정은 이론적으로는 회전차의 외주속도의 제곱에 비례하는데, 외주속도를 높이기 위해 회전수를 너무 높게 하면, 캐비테이션 발생의 원인이 된다. 이를 피하면서 고양정을 얻기 위해서는 단(段)의 수를 증가시키는 방법을 사용할 수 있다. 볼류트 펌프는 회전차가 1단인 것을 단단형(單段形, single stage), 회전차의 수를 증가시켜 압력을 높일 수 있게 한 다단형(多段形, multi stage)이 있다.

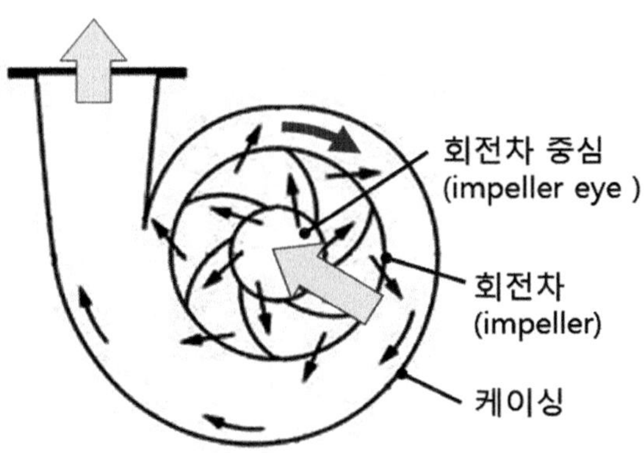

그림 6-2 볼류트 펌프의 구조

2 펌프의 양정

자연계의 물은 높은 곳에서 낮은 곳으로 흐르지만, 펌프를 이용하면 낮은 곳에 있는 물을 높은 곳으로 이동시킬 수 있다. 펌프의 성능을 나타내는 지표는 양정, 유량, 효율이다. 이 중 양정은 펌프와 관련된 압력을 물기둥의 높이로 환산한 것으로 단위는 m를 사용하며, 물이 이송되는 원동력이라 할 수 있다.

[1] 전양정

낮은 곳에 보관된 물이 높은 곳의 물 사용처로 이송될 때 물은 배관 속을 흐르게 된다. 이 때 물과 배관 및 배관 부품 사이에 마찰이 발생하며, 이로 인해 손실이 발생한다. 따라서 충분한 양의 물이 원하는 곳까지 이송되어 원활하게 사용될 수 있도록 펌프는 ① **높이 차에 해당하는 실양정** 뿐 만아니라 ② **마찰 손실에 의한 손실양정**, 그리고 사용처에 위치한 ③ **소화전이나 위생기구 등에서 물의 방출에 필요한 압력(방수압)에 해당하는 수두**도 물에 부여하여야 한다. 실양정과 여러 가지의 손실에 해당하는 수두를 모두 합한 것을 전양정(total head)이라고 한다. 이 관계를 수식으로 표현하면 다음과 같고, 그림 6-3에 설명하였다.

$$H = H_a + H_L + H_e \tag{6-1}$$

여기서, H_a, H_L, H_e 각각 실양정, 손실양정, 방수압에 해당하는 양정 또는 수두이다. 물이 펌프를 통과할 때 압력을 부여받는데, 이 압력을 물기둥의 높이로 환산한 것이 전양정이다. 물이 펌프로부터 부여 받은 압력과 전양정과의 관계는 다음과 같다.

$$P_p = \rho \cdot g \cdot H = \gamma \cdot H \tag{6-2a}$$

$$H = \frac{P_p}{\rho \cdot g} = \frac{P_p}{\gamma} \tag{6-2b}$$

펌프가 물에 부여한 압력(P_p), 즉 전양정(H)은 물이 배관을 통해 사용처까지 이송되고 최종 사용될 때까지 자연스럽게 실양정(H_a), 손실양정(H_L), 방수압 수두(H_e)로

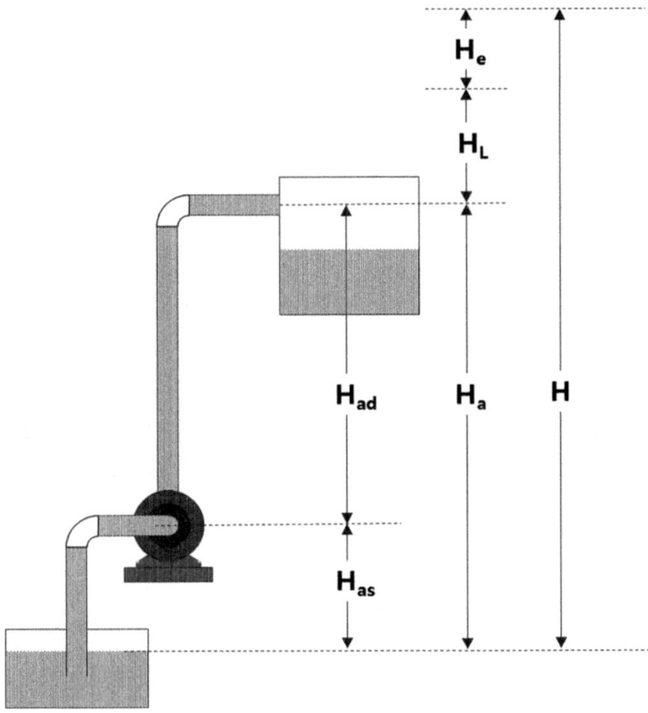

그림 6-3 펌프의 양정

분배되어 소진된다. 전양정 중에 고도의 상승 때문에 소진된 양정을 실양정(H_a)이라 한다. 배관 등과의 마찰로 인한 압력 손실(ΔP_L)을 물기둥의 높이로 환산한 것을 손실양정(H_f)이라 하고, 물이 사용 용도에 맞게 적절한 유속을 가지고 외부로 방출될 때 소진되는 압력을 방수압(P_e) 또는 방수압 수두(H_e)라고 부른다. 양정과 수두 모두 영어로는 Head로 번역될 수 있으며, 두 가지 용어 모두 압력을 물의 높이로 환산한 것을 의미한다. 즉, 수두나 양정은 높이를 나타내지만, 본질적으로는 압력을 의미한다.

일반적으로 펌프 제작회사가 제시하는 카탈로그의 양정은 전양정이므로 펌프를 선정할 때 마찰 등에 의한 손실양정을 고려하여 실양정보다 큰 양정을 가진 펌프를 고려하여야 한다.

[2] 실양정(H_a)

펌프가 실제로 퍼 올린 높이를 실양정(actual head, H_a)이라고 한다. 그 중 흡입 수면으로부터 펌프 중심까지의 높이를 흡입 실양정이라 하고, 펌프 중심으로부터 토출 수면까지의 높이를 토출 실양정이라고 한다. 이것을 수식으로 표현하면 다음과 같다.

$$H_a = H_{as} + H_{ad} \tag{6-3}$$

H_{as}는 흡입 실양정이고, H_{ad}는 토출 실양정이다. 토출 실양정 H_{ad}는 제한이 없지만, 흡입 실양정 H_{as}에는 이론적 한계가 존재한다. 펌프가 물을 흡입하는 원리는 흡입 배관 측을 진공으로 만들어 물이 대기압에 의해 밀려서 올라오게 하는 것이다. 즉 대기압과 흡입 배관 내의 압력(진공)의 차이에 의해 물을 흡입한다. 따라서, 흡입 배관이 절대진공이 될 때 가장 높은 흡입 양정을 가질 수 있으며, 흡입 양정의 이론적 한계는 대기압의 수두와 같으며, 10.3 m이다. 그러나 실제로는 물을 10 m 이상 끌어 올리는 것은 불가능하다. 그 이유는 첫째로 일반적으로 사용하는 펌프의 경우에는 절대진공을 얻거나 유지하기가 어렵기 때문이다. 두 번째로는 흡입 측 배관과 흡입 측 배관에 장착된 배관 부품(푸트 밸브 등)에서 발생하는 마찰 손실이 존재하기 때문이다. 실제 펌프의 경우, 흡상 능력은 6~7 m 정도에 그친다. 그러나 일반적으로 펌프의 설치 위치는 캐비테이션(공동현상) 방지를 위해 가능한 한 낮게 설치하는 것이 바람직하다.

[3] 배관의 손실양정(H_L)

물이 배관 내부를 흐를 때 마찰에 의해 압력이 떨어진다. 마찰에 의한 압력강하(ΔP_L)를 압력 손실이라 하고, 손실된 압력을 물기둥의 높이로 환산한 것이 손실양정(H_L) 또는 손실수두라고 한다. 이것은 물이 수원을 떠나서 사용될 곳에 도달할 때까지 일어나는 마찰에 의한 모든 압력강하를 의미하며, 식으로 표현하면 다음과 같다.

$$\Delta P_L = \rho \cdot g \cdot H_L = \gamma \cdot H_L \tag{6-4a}$$

$$H_L = \frac{\Delta P_L}{\rho \cdot g} = \frac{\Delta P_L}{\gamma} \tag{6-4b}$$

손실 양정은 5장 4절(배관시스템의 수두손실)에서 설명한 수두 손실과 같은 것이며, 주손실(ΔP_M)과 부손실(ΔP_m)로 구성된다.

[4] 방수압(P_e)과 방수압의 수두(H_e)

식(6-1)과 같이 펌프가 감당해야 할 압력에는 방수압도 포함된다. 식(6-1)을 압력으로 표현하면 다음과 같다.

$$P_p = \rho \cdot g \cdot H_a + \Delta P_L + P_e \qquad (6\text{-}5)$$

식(6-5)의 P_e는 각 종 설비에 따라 달라지며, 소방 설비의 방수 압력은 표 6-1에 나타내었고, 이 표는 화재안전기준(NFSC)에 따라 작성되었다. 기계설비 중 위생기구

┃표 6-1┃ 소화설비의 방수압과 수두

설비	방수압 P_e / MPa	방수압의 수두 H_e / m	비고
옥내소화전설비	0.17~0.7	17m~70m	NFSC 102
옥외소화전설비	0.25~0.7	25m~70m	NFSC 109
스프링클러설비	0.1~1.2	10m~120m	NFSC 103
드렌처설비	0.1 이상	10m 이상	NFSC 103

┃표 6-2┃ 위생기구의 최저 필요 급수 압력과 수두(SAREK 표준 401-2020)

설비	방수압 P_e / kPa	방수압의 수두 H_e / m
욕조	55	5.6
음수기	55	5.6
세면기	55	5.6
샤워기	70	7.1
싱크(가정용)	55	5.6
싱크(청소용)	55	5.6
소변기, 세정밸브	100	10.2
대변기, 세정밸브	100	10.2
대변기, 세정탱크	55	5.6

와 관련된 방수 압력은 대한설비공학회의 SAREK 표준 401-2020을 참고하여 표 6-2에 나타내었다.

표 6-1에서 MPa 단위를 m의 수두 단위로 환산할 때 100을 곱하였으나, 엄밀한 수치는 102를 곱하여야 얻을 수 있다. 즉 0.1 MPa의 압력을 수두로 환산하면 10 m가 아니라 10.2 m이다.

예제 6-1 옥내소화전설비의 가압 송수 장치에 필요한 펌프의 전양정

5층 건물에 각 층마다 3개씩의 옥내소화전이 설치된 건물이 있다. 이 건물의 수원(소화수조)으로부터 가장 높은 곳, 5층의 옥내소화전까지의 높이 차는 20 m이다. 그리고, 배관의 마찰 손실 수두는 10 m, 배관부품에 의한 마찰 손실 수두는 9 m, 소방호스의 마찰손실 수두는 4 m이다. 이 옥내소화전 설비에 사용될 펌프의 전양정을 구하라.

풀이 식(6-1)을 적용한다.

$$H = H_a + H_L + H_e \tag{6-1}$$

수원(소화수조)과 가장 높은 곳의 소화전 사이의 높이 차가 실양정이므로

$$H_a = 20\text{m}$$

손실양정은 물이 수원을 떠나서 사용될 곳, 이 문제에서는 옥내소화전에 도달할 때까지 일어나는 마찰에 의한 모든 압력강하를 의미하므로 배관의 마찰 손실 수두 10 m, 배관부품에 의한 마찰 손실 수두 9 m, 소방호스의 마찰손실 수두 4 m를 모두 합산하여 구한다.

$$H_L = 10\text{m} + 9\text{m} + 4\text{m} = 23\text{m}$$

방수압에 의한 수두 또는 양정은 표 6-1에 의해 다음과 같다.

$$H_e = 17\text{m}$$

그러므로,

$$H = H_a + H_L + H_e = 20\text{m} + 23\text{m} + 17\text{m} = 60\text{m}$$

옥내소화전설비의 가압 송수 장치에 필요한 펌프의 전양정 H = 60 m이다.

3 펌프의 유량

각 소방 설비 별로 필요한 유량은 표 6-3에 나타내었다. 화재안전기준(NFSC)에서는 LPM 단위로 지정되어 있으나 각종 계산에는 SI 단위인 m^3/s의 단위로 환산하여 사용하는 것이 편리하다.

| 표 6-3 | 소화설비의 방수량

설비	방수량 Q / LPM	방수량 / m^3/s	갯수	비고
옥내소화전설비	130	0.00217	최대 2개	NFSC 102
옥외소화전설비	350	0.00583	최대 2개	NFSC 109
스프링클러설비	80	0.00133	–	NFSC 103
드렌처설비	80	0.00133	–	NFSC 103

예제 6-2 LPM 단위의 유량을 m^3/s 단위로 환산하기

옥내소화전의 방수량은 130 LPM이다. 이 유량을 m^3/s 단위로 환산하라.

풀이 단위 환산은 동일한 물리량에 대한 표현의 변화라고 생각하면 된다. 예를 들어 1 min과 60s는 동일한 시간이지만, 표현 방법은 서로 다르다.

어떤 값에 1을 곱하거나 나누면 값은 변하지 않는다. 단위 환산은 어떤 값에 1을 곱하거나 나누는 것으로 이해하면 된다. 1000 L=1 m^3이고, 60s=1 min 이므로 다음이 성립한다.

$$\frac{1\text{m}^3}{1000\text{L}} = 1, \quad \frac{60s}{1\text{min}} = 1$$

단위환산은 숫자 1을 곱하는 것은 아니고, 1과 동일한 $\frac{1\text{m}^3}{1000\text{L}}$ 또는 $\frac{60s}{1\text{min}}$를 곱하여 원래의 단위로부터 새로운 단위로 바꾸는 것이다.

이 문제는 다음과 같이 풀이한다.

$$130\text{LPM} = \frac{130\text{L}}{1\text{min}} = \frac{130\text{L} \times 1}{1\text{min} \times 1} = \frac{130\text{L} \times \dfrac{1\text{m}^3}{1000\text{L}}}{1\text{min} \times \dfrac{60\text{s}}{1\text{min}}} = \frac{0.13\text{m}^3}{60\text{s}}$$

$$= 0.002167\text{m}^3/\text{s}$$

4 펌프의 동력

[1] 수동력(L_w)

펌프는 물에 압력을 부여하여 유량을 발생시키는 장치이다. 물이 펌프로부터 얻은 시간당 에너지를 수동력(L_w)이라고 하며 다음과 같이 구한다.

$$L_w = Q \cdot P_p \tag{6-6a}$$

여기서, Q는 펌프에 의해 양수되는 물의 부피 유량이고, P_p는 식(6-1)의 전양정 H에 해당하는 압력이다. 식(6-6a)에 식(6-2)의 압력과 양정과의 관계를 적용하면 다음과 같다.

$$L_w = Q \cdot \rho g H = Q \cdot \gamma H \tag{6-6b}$$

[2] 축동력(L_s)

물에 식(6-6)으로 표현되는 수동력을 부여하기 위해 펌프의 축이 회전하여야 한다. 축 회전에 투입된 동력, 축동력(L_s) 전체가 물에 도달하지 못하고, 일부만 수동력(L_w)으로 활용된다. 펌프에 투입된 에너지인 축동력(L_s)과 실제로 활용된 에너지인 수동력(L_w)의 비가 펌프의 효율(η_p)이고 식으로 쓰면 다음과 같다.

$$\eta_p = \frac{L_w}{L_s} \tag{6-7}$$

식(6-7)과 (6-6)에 의해 축동력(L_s)은 다음과 같이 계산된다.

$$L_s = \frac{L_W}{\eta_p} = \frac{Q \cdot \rho g H}{\eta_p} = \frac{Q \cdot \gamma H}{\eta_p} \quad (6\text{-}8)$$

[3] 원동기 동력(L_m)

펌프의 축을 구동하는 원동기로 전동기가 주로 사용되며, 내연기관을 사용하는 경우도 있다. 축을 구동하는 원동기의 동력은 다음과 같이 구한다.

$$L_m = L_s \cdot K \quad (6\text{-}9)$$

여기서, K는 동력 전달계수이며, 동력 전달 방식에 따른 값을 표 6-4에 나타내었다. 식(6-8)과 (6-9)에 의해 원동기 동력(L_s)은 다음과 같이 계산된다.

$$L_s = \frac{Q \cdot \rho g H}{\eta_p} K = \frac{Q \cdot \gamma H}{\eta_p} K \quad (6\text{-}10)$$

▌표 6-4▌ 동력 전달계수(K)

동력 전달 방식	동력 전달계수(K)
직결	1.1~1.2
V-벨트	1.15~1.25
평 벨트	1.25~1.35
스퍼기어	1.2~1.25
베벨기어	1.15~1.25

예제 6-3 옥내소화전설비의 가압 송수 장치에 필요한 펌프의 동력

예제 6-1의 옥내소화전 설비에 사용될 펌프의 수동력, 축동력, 전동기 동력을 구하시오. 단 펌프의 효율은 75%, 전달계수는 1.1이다.

풀이 예제 6-1에서 구한 전양정 60 m를 이용한다.

$$H = 60\text{m}$$

유량은 표 6-3을 이용하여 구할 수 있다. 옥내소화전 1개당 유량은 130 LPM이고, 설치된 소화전의 수는 3이지만, 가압 송수장치(이 문제에서는 펌프를 의미한다.) 설계에 적용되는 최대 개수는 2이므로, 유량 Q는 다음과 같다.

$$Q = 130\text{LPM} \cdot 2 = 260\text{LPM} = \frac{260L}{1\text{min}} = \frac{260L \times \frac{1m^3}{1000L}}{1\text{min} \times \frac{60s}{1\text{min}}}$$

$$= 0.00433\text{m}^3/\text{s}$$

수동력은 식(6-6b)를 이용하여 구한다.

$$L_w = Q \cdot \rho g H = 0.00433\text{m}^3/\text{s} \cdot 1000\text{kg/m}^3 \cdot 9.8\text{m/s}^2 \cdot 60\text{m}$$

$$= 2546\text{W} = 2.546\text{kW}$$

축동력(L_s)은 식(6-8)과 효율(η_p) 75%를 이용하여 다음과 같이 계산한다.

$$L_s = \frac{L_W}{\eta_p} = \frac{2.546\text{kW}}{0.75} = 3.395\text{kW}$$

축을 구동하는 원동기의 동력은 식(6-9)와 전달계수(K) 1.1을 이용하여 다음과 같이 구한다.

$$L_m = L_s \cdot K = 3.395\text{kW} \cdot 1.1 = 3.735\text{kW}$$

5 펌프의 특성

[1] 펌프의 비속도

비속도(specific speed)는 터보형 펌프의 특성을 계통적으로 나타내는 지수로서 다음 식으로 표시된다.

$$N_s = N\frac{Q^{\frac{1}{2}}}{H^{\frac{3}{4}}} \tag{6-11}$$

여기서, N은 펌프의 회전수(rpm), Q는 유량(m^3/min), 양흡일 경우에는 0.5Q를 대입한다. H는 전양정(m)이다. 비속도가 동일한 2종류의 터보형 펌프가 있다면, 두 펌프는 크기에 상관없이 각 펌프의 회전차는 상사(相似, Similar)이며, 유량, 양정 등의 특성도 상사임을 의미한다. N_s가 작으면 소유량, 고양정의 특성을 보이고, N_s가 크면 대유량, 저양정의 특성을 가진다.

[2] 펌프의 상사법칙

원심식 등의 터보형 기기에서는 상사법칙이 적용된다. 앞에서 설명한 바와 같이 비속도가 상사의 척도이다. 구조가 상사인 2대의 펌프, 즉 비속도가 같은 펌프 사이에서는 펌프의 회전수(N)와 회전차의 바깥지름(D), 그리고 토출량(Q), 양정(H), 동력(L) 간에 다음과 같은 관계가 성립한다.

$$\frac{Q_2}{Q_1}=\left(\frac{D_2}{D_1}\right)^3\left(\frac{N_2}{N_1}\right) \tag{6-12a}$$

$$\frac{H_2}{H_1}=\left(\frac{D_2}{D_1}\right)^2\left(\frac{N_2}{N_1}\right)^2 \tag{6-12b}$$

$$\frac{L_2}{L_1}=\left(\frac{D_2}{D_1}\right)^5\left(\frac{N_2}{N_1}\right)^3 \tag{6-12c}$$

예제 6-4 상사법칙(회전수)

소방펌프의 회전수를 50% 증가시킬 때 그리고 2배가 될 때, 유량, 양정, 동력은 얼마나 증가하는가?

풀이 동일한 펌프이므로, 임펠러는 동일하다. 따라서 $D_2 = D_1$이다.

(1) 회전수를 50% 증가시키면, $N_2 = 1.5N_1$이다. 이 관계를 식(6-12)에 적용한다.

$$\frac{Q_2}{Q_1}=\left(\frac{1.5N_1}{N_1}\right)=1.5$$

$$\frac{H_2}{H_1}=\left(\frac{N_2}{N_1}\right)^2=(1.5)^2=2.25$$

$$\frac{L_2}{L_1}-\left(\frac{N_2}{N_1}\right)^3-(1.5)^3-3.375$$

(2) 회전수가 두배가 되면, $N_2 = 2N_1$이다. 이 관계를 식(6-12)에 적용한다.

$$\frac{Q_2}{Q_1} = \left(\frac{2N_1}{N_1}\right) = 2$$

$$\frac{H_2}{H_1} = \left(\frac{N_2}{N_1}\right)^2 = (2)^2 = 4$$

$$\frac{L_2}{L_1} = \left(\frac{N_2}{N_1}\right)^3 = (2)^3 = 8$$

예제 6-5 상사법칙(지름과 회전수)

임펠러 지름을 반으로 줄이고, 동일한 유량을 얻기 위해서는 회전수는 얼마나 커져야 하는가? 이때 양정과 동력은 몇 배가 되는가?

풀이 식(6-12) 사용

임펠러 지름을 반으로 줄이는 것이므로 $D_2 = 0.5D_1$이다. 그리고, 유량이 동일하므로 $Q_2 = Q_1$이다. 이 관계를 식(6-12a)에 적용한다.

$$\frac{Q_1}{Q_1} = \left(\frac{0.5D_1}{D_1}\right)^3\left(\frac{N_2}{N_1}\right) = 0.5^3\left(\frac{N_2}{N_1}\right) = 1 \rightarrow \left(\frac{N_2}{N_1}\right) = \frac{1}{0.5^3} = 8 \rightarrow N_2 = 8N_1$$

$D_2 = 0.5D_1$과 $N_2 = 8N_1$을 식(6-12b)와 식(6-12c)에 적용하면,

$$\frac{H_2}{H_1} = \left(\frac{D_2}{D_1}\right)^2\left(\frac{N_2}{N_1}\right)^2 = 0.5^2 \cdot 8^2 = 16 \rightarrow H_2 = 16H_1 \ : \text{양정 16배}$$

$$\frac{L_2}{L_1} = \left(\frac{D_2}{D_1}\right)^5\left(\frac{N_2}{N_1}\right)^3 = 0.5^5 \cdot 8^3 = 16 \rightarrow L_2 = 16L_1 \ : \text{동력 16배}$$

예제 6-6 상사법칙(지름과 회전수)

임펠러 지름을 반으로 줄이고, 동일한 양정을 얻기 위해서는 회전수는 얼마나 커져야 하는가? 이때 유량과 동력은 몇 배가 되는가?

풀이 식(6-12) 사용

임펠러 지름을 반으로 줄이는 것이므로 $D_2 = 0.5D_1$이다. 그리고, 양정이 동일하므로 $H_2 = H_1$이다. 이 관계를 식(6-12b)에 적용한다.

$$\frac{H_1}{H_1} = \left(\frac{D_2}{D_1}\right)^2 \left(\frac{N_2}{N_1}\right)^2 = \left(\frac{0.5D_1}{D_1}\right)^2 \left(\frac{N_2}{N_1}\right)^2 = 1 \rightarrow \left(\frac{N_2}{N_1}\right)^2 = \frac{1}{0.5^2} = 4$$

$$\rightarrow N_2 = 2N_1$$

$D_2 = 0.5D_1$과 $N_2 = 2N_1$을 식(6-1a)와 식(6-12c)에 적용하면,

$$\frac{Q_2}{Q_1} = \left(\frac{D_2}{D_1}\right)^3 \left(\frac{N_2}{N_1}\right) = 0.5^3 \cdot 2 = 0.25 \rightarrow Q_2 = 0.25Q_1 \text{ : 유량 } \frac{1}{4}\text{배}$$

$$\frac{L_2}{L_1} = \left(\frac{D_2}{D_1}\right)^5 \left(\frac{N_2}{N_1}\right)^3 = 0.5^5 \cdot 2^3 = 0.25 \rightarrow L_2 = 0.25L_1 \text{ : 동력 } \frac{1}{4}\text{배}$$

6 펌프의 이상 현상

[1] 공동(캐비테이션, Cavitation) 현상

물은 1기압의 압력에서는 100℃가 되면 끓는다. 그러나 압력이 낮아지면 끓는 온도도 낮아진다. 물의 끓는점에 해당하는 압력을 표 6-5에 나타내었다. 끓는점이 50℃가 되는 압력은 약 0.1218 atm이다. 만약 배관 속을 온도 50℃의 물이 흐르고 있을 때, 배관 내에 압력이 0.1218 atm 보다 낮은 곳이 생긴다면, 그곳에서 물이 끓어서 기포가 발생한다. 이것을 공동(캐비티, cavity)라고 한다. 공동이 발생하는 또 하나의 원인은 물속에 녹아있는 공기이다. 공기는 물의 온도가 낮고, 압력이 높을 경우 잘 용해된다. 역으로 생각하면 온도가 높아지고 압력이 낮아지면 물 속에 용해되어 있던 공기가 용출되어 기포가 된다. 이러한 현상을 캐비테이션(cavitation, 공동현상)이라고 한다. 표 6-6에 물에 대한 기체의 용해도를 온도별로 나타내었다.

공동현상으로 발생한 기포가 고압부로 이동하면 순간적으로 사라지는데, 기포 주변의 물이 기포가 사라진 빈 공간으로 유입되면서 심한 충격과 소음을 발생시키며, 침식을 일으킨다. 펌프에서 발생하면 펌프의 성능과 효율의 저하를 가져온다.

캐비테이션은 발생의 원인은 물의 압력이 낮아지거나 온도가 높아질 때 발생하기 쉽다. 압력이 낮아지는 것에는 크게 세 가지의 이유가 있다. 첫째는 물의 수직 이동에 따라 높아진 고도만큼 압력이 떨어지는 것이다.

| 표 6-5 | 물의 온도별 포화수증기압과 포화수증기압의 수두

끓는점/℃	포화증기압/MPa	포화증기압/atm	포화증기압의 수두/m
0.02	0.000612	0.006035	0.062398425
10	0.001228	0.01211	0.125222217
20	0.002339	0.023065	0.238869694
30	0.004247	0.041875	0.43483451
40	0.007385	0.072815	0.758736582
50	0.012352	0.121791	1.27441634
60	0.019946	0.196667	2.068057485
70	0.031201	0.307641	3.252973798
80	0.047414	0.467501	4.973637174
90	0.070182	0.691994	7.41130057
100	0.10142	1	10.78773952
110	0.14338	1.413725	15.36957597
120	0.19867	1.958884	21.47340596
130	0.27028	2.664958	29.47218006
140	0.36154	3.56478	39.79379825
150	0.47616	4.694932	52.93096727
160	0.61823	6.09574	69.44777934
170	0.79219	7.810984	89.98084901
180	1.0028	9.887596	115.2448954

| 표 6-6 | 물에 대한 기체의 용해도

기체	0℃	20℃	40℃	60℃	80℃	100℃
공기	2.900%	1.900%	1.400%	1.200%	1.100%	1.100%
산소	4.900%	3.100%	2.300%	1.900%	1.800%	1.700%
질소	2.400%	1.600%	1.200%	1.000%	0.960%	0.950%

특히 펌프보다 낮은 곳에 위치한 개방 수조로부터 물을 흡입할 때 흡입 배관에서 진공이 발생할 때 주의해야 한다. 두 번째는 배관과의 마찰로 인한 압력강하, 그리고 세 번째는 국부적으로 유속이 빨라지는 곳에서 발생하는 정압의 하락이다.

펌프입구에서 일어나는 캐비테이션을 방지하기 위해서는 물의 정압이 그 수온에 상당하는 포화증기압 이상이 되도록 하여야 한다. 이를 위해서는 펌프를 설치하는 환경 조건에 따라 정해지는 유효 흡입수두가 펌프 내부 조건에 의해 결정되는 필요 흡입수두(펌프의 특성치)보다 큰 값을 가지게 해야 한다.

흡입관과 펌프의 입구를 연결하는 플랜지 면을 기준으로 하여 흡입배관과 펌프를 구분한다. 흡입 플랜지에서의 압력으로부터 그 온도의 포화증기압을 뺀 값을 흡입관의 유효흡입수두(유효 NPSH, Net Positive Suction Head)라고 하고, H_{sv}, 또는 NPSHa(available NPSH)로 표기한다. 그리고, 흡입 플랜지 면으로부터 펌프의 회전차 입구까지의 수두손실은 필요 흡입수두(필요 NPSH)라고 하고 H_{re} 또는 NPSHre (Required NPSH)로 표시한다. H_{sv}는 흡수면의 위치나 흡입 배관의 저항 등에 관계하는 값이며, H_{re}는 펌프의 고유 값으로서 동일한 펌프에서도 회전수나 토출량에 따라 변한다.

(1) 유효 흡입수두(available NPSH, H_{SV})

펌프의 유효흡입수두 즉 펌프 입구 플랜지 면에서의 수두(압력)에서 포화수증기압의 수두를 뺀 값은 다음과 같다.

$$H_{sv} = H_{ap} + H_{as} - H_f - H_v \tag{6-13}$$

여기서,

H_{sv} : 유효 NPSH, m

H_{ap} : 흡수면에 작용하는 압력수두(대기압인 경우 10.3 m), m

H_{as} : 흡입 실양정(수면이 펌프 중심보다 높으면 +, 낮으면 −), m

H_f : 흡입관 내의 총손실 수두, m

H_v : 수온에 상당하는 포화 증기 압력수두, m

식(6-13)의 우변의 3개 항 $H_{ap} + H_{as} - H_f$은 펌프 입구 플랜지 면에서의 수두(압력)이다. 식(6-13)의 각 항을 살펴보자. H_{ap}는 수조가 개방형인지, 밀폐형인지, 밀폐형이라면 내부의 압력이 얼마인지에 따른 값이고, H_{as}는 수조와 펌프의 상대적 위치에 따라 달라지는 값이다. H_f는 흡입 배관의 관로 저항에 따른 압력 손실에 관련된 값이다. H_v는 물의 온도에 해당하는 포화수증기압으로써, 온도가 높아지면 증가하는 값이다. 이들 네가지 중에 유량과 관련된 값은 H_f로써 유량의 제곱에 비례하여 커지는 값이다.

(2) 필요 NPSH(required NPSH, H_{re})

펌프 내에서 압력이 가장 낮은 곳은 회전차의 날개 입구 전후이며, 펌프의 흡입구로부터 이곳까지 오는 도중에도 압력 손실, 유로 단면의 축소에 따른 속도 증가에 따른 정압 강하, 회전차 내부에서의 국부적 속도 증가에 따른 정압의 하락 등으로 인하여 펌프 내에 발생하는 최저압력은 펌프 흡입구의 압력을 중심으로 환산한 압력보다 더 떨어진다. 펌프의 흡입 플렌지부터 펌프 내부에서 발생하는 압력 강하에 해당하는 수두를 필요 NPSH(H_{re})라고 하며, 이 값은 펌프 고유의 값이며, 유량의 제곱에 비례하여 증가한다.

(3) 캐비테이션 방지조건

펌프 내부의 최소 압력은 펌프의 입구 플랜지에서의 압력($H_{ap} + H_{as} - H_f$)에서 펌프 내부의 압력 손실(H_{re})를 뺀 값이다. 이 값이 물의 포화압력보다 크면 캐비테이션은 발생하지 않는다. 이것을 수식으로 표현하면 다음과 같다.

$$H_{ap} + H_{as} - H_f - H_{re} > H_v \tag{6-14}$$

위 식을 정리하면 다음의 식을 얻을 수 있다.

$$H_{ap} + H_{as} - H_f - H_v > H_{re} \tag{6-15}$$

이 식의 좌변은 유효 흡입수두 H_{sv}이므로, 캐비테이션 방지 조건은 다음과 같이 정리된다.

$$H_{sv} > H_{re} \tag{6-16}$$

여유율 α(일반적으로는 30%)를 고려하면, 펌프의 설치조건은 다음과 같다.

$$H_{sv} > (1+\alpha)H_{re} = 1.3H_{re} \tag{6-17}$$

캐비테이션 방지 조건 식(6-16)에서 H_{sv}는 유량이 증가하면 감소하고, H_{re}는 유량과 함께 증가한다. 이 관계를 그림 6-4에 나타내었다. 유량이 작을 때는 H_{sv}와 H_{re}의 차이가 상당히 크지만, 유량이 증가함에 따라 두 값의 차이가 줄어들다 두 곡선이 교차하게 한다. 교차 점의 좌측이 사용 가능한 조건, 우측이 캐비테이션 발생 조건으로 사용이 불가능한 유량 범위가 된다. 펌프의 흡입수면이 펌프의 중심보다 높은 위치에 있는 것(즉, 압입의 경우)이 양호한 조건임은 물론이지만, 수온이 높은 경우나 기체가 다량으로 용해된 물, 화학공장의 물, 고지대에서 펌프를 사용하는 경우는 캐비테이션 발생에 주의할 필요가 있다.

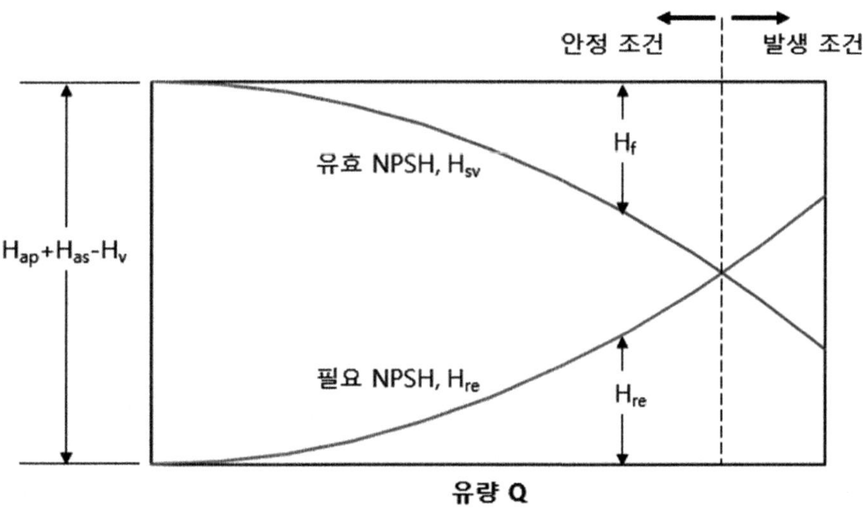

그림 6-4 캐비테이션 발생 조건

예제 6-7 유효흡입수두와 캐비테이션

지하 저수조에 20℃의 물이 있다. 저수조는 대기에 개방 되어있고, 저수조의 표면과 펌프의 중심 간의 높이차는 5 m이다. 펌프의 필요 흡입수두가 2.5 m일 때, 캐비테이션이 일어나지 않는 조건에서 흡입 배관의 최대한의 마찰 손실 수두는 얼마인가? 이론적 허용 한계와 여유율 30% 적용시의 한계를 각각 구하시오.

풀이 (1) 이론적 한계

식(6-15)를 이용한다. Hv는 표 6-5에서 구한다.

$H_{ap} + H_{as} - H_f - H_v > H_{re}$ → $10.3m - 5m - H_f - 0.24m > 2.5m$ →

$10.3m - 5m - 0.24m - 2.5m > H_f$ → $2.56m > H_f$

마찰손실수두의 이론적 한계치는 2.56 m 미만

(2) 여유율 적용

식(6-13)과 (6-17)을 이용한다.

$H_{ap} + H_{as} - H_f - H_v > 1.3H_{re}$ →

$10.3m - 5m - H_f - 0.24m > 1.3 \cdot 2.5m = 3.25m$ →

$10.3m - 5m - 0.24m - 3.25m > H_f$ → $1.81m > H_f$

여유율을 적용할 경우 흡입배관의 마찰손실수두의 허용한계는 1.81 m 미만

[2] 맥동현상(서징, Surging)

맥동현상 현상이 발생하면 펌프의 입구와 출구에 장착된 압력계의 지시값이 변동하고 유량이 증가와 감소를 반복하며 소음과 진동이 발생한다. 맥동현상이 발생하면 그 변동의 주기가 거의 일정하고 송출 밸브를 조작하여 운전점을 인위적으로 변경시켜 주지 않으면 맥동현상은 멈추지 않는다.

(1) 발생 원인

① 양정곡선에 우상향 구간이 있고, 그 좌측에서 운전할 때

② 배관 도중에 수조나 공기 정체부가 있을 경우

③ 유량 조절밸브가 수조나 공기 정체부의 하류에 있을 경우

위 세 가지 조건이 모두 갖춰질 때 맥동현상이 발생한다.

(2) 방지대책

① 펌프의 특성 변경한다.

② 펌프 입구와 출구 사이에 바이패스 유로를 설치하여 펌프 유량을 증가시킴으로써, 운전점을 우상향부의 좌측에서 우측으로 이동시킨다.
③ 배관의 단면적, 유속, 저항, 밸브의 개도 등을 변경하여 배관의 저항곡선 완만하게 만들어 운전점을 양정곡선 우상향부의 좌측에서 우측으로 이동시킨다.
④ 배관에서 불필요한 공기 탱크 등을 제거한다.

연 습 문 제

[1] 지하 5 m의 저수조 물을 분당 3.6 m^3로 지상 50 m에 있는 옥상 수조로 양수하기 위해서는 양정이 얼마인 펌프가 필요한가? 흡입관과 토출관 모두 내경 100 mm인 관을 사용하며, 관길이 50 m, 관마찰계수 0.03이고, 전손실수두는 관의 마찰손실수두의 2배로 한다.

[2] 다음의 LPM 단위의 유량을 SI 단위로 환산하라.

(1) 160 LPM (2) 240 LPM

(3) 130 LPM (4) 260 LPM

(5) 350 LPM (6) 700 LPM

[3] 운전 중인 펌프의 흡입 압력이 수은주로 190 mm, 토출압력이 500 kPa이다. 이때 펌프의 실양정은 얼마인가? 또한, 이 펌프가 18 m^3/min의 물을 양수한다면 펌프가 물에 준동력은 몇 kW인가? 마찰손실수두는 무시한다.

[4] 100 m^3의 액체연료를 10m 높이에 있는 탱크로 끌어 올리려 할 때 얼마의 일량(kJ)이 필요한가? 단, 연료의 밀도는 900 kg/m^3이며, 펌프 및 관의 마찰손실 등은 없는 것으로 한다.

[5] 양정 15 m, 양수량 2.1 m^3/min일 때 축동력 6.86 kW가 필요한 원심펌프의 효율을 구하여라.

[6] 전양정 20 m, 양수량 4.8 m^3/min인 펌프가 있다. 펌프 효율이 70%일 때 축동력 [kW]을 구하라. 또한, 이것을 전동기 직결로 운전할 때 소요동력 [kW]은 얼마인가? 단, 전동기 효율은 92%이다.

[7] 전양정 20 m, 양수량 4.8 m^3/min, 회전수 1,450 rpm인 원심펌프의 비속도는 얼마인가?

[8] 전양정 80 m, 양수량 1.6 m^3/min, 회전수 900 rpm, 4단 터빈펌프의 비속도는 얼마인가?

[9] 물이 온도에 해당하는 포화수증기압보다 낮은 부분이 발생하면 일어나는 현상은 무엇인가?

[10] 지하 저수조에 물이 있다. 저수조는 대기에 개방되어 있고, 저수조의 표면과 펌프의 중심 간의 높이차는 3 m이다. 펌프의 필요 흡입수두가 2 m일 때, 캐비테이션이 일어나지 않는 조건에서 흡입 배관의 허용 마찰 손실 수두는 얼마인가? 여유율 30%를 적용하고, 여름철 수온이 30℃까지 상승할 것을 고려하여 계산하라.

[11] 펌프 운전 중에 펌프의 입구와 출구에 설치된 압력계의 지침이 흔들리고, 토출 유량이 주기적으로 변하는 현상은?

제 7 장

기초 열역학

1 열역학의 개요

열역학(熱力學; thermodynamics)은 물질의 상태(고체, 액체 또는 기체) 변화에 수반되는 에너지를 포함한 일과 열 등의 에너지와 이와 관련된 물질의 상태량 및 이들 사이의 상호작용을 연구하는 학문이라고 할 수 있다. 열역학은 열(熱; heat)을 의미하는 그리스어의 'therme'와 힘을 의미하는 'dynamis'의 합성어이며, 이를 직역하면 "열을 이용하여 동력을 얻는 학문"이라는 뜻이다. 열역학은 관찰과 경험으로부터 귀납적으로 구축된 학문이다.

[1] 계(system)와 작동 물질(working fluid)

열역학적 해석의 대상이 되는 물질의 모임을 계(係, system)이라 하고, 계 이외를 주위(surrounding)라 한다. 그리고 계와 주위 사이를 경계(boundary)라고 한다.

계와 주위 사이에 물질과 에너지의 출입이 있는 계를 개방계(open system), 에너지의 출입만 가능한 계를 밀폐계(closed system), 그리고, 물질과 에너지의 출입이 없는, 즉 주위와 상호작용이 없는 계는 고립계(isolated system)라고 한다. 밀폐계 중에서 열의 출입이 없는 계를 단열계(adiabatic system)이라 한다.

개방계와 주위를 이동하는 물질, 예를 들어 증기터빈의 증기, 냉동기의 냉매, 내연기관의 공기/연료 혼합물 등을 작동 물질, 작업 물질, 동작 물질이라고 하며, working fluid로 표기한다.

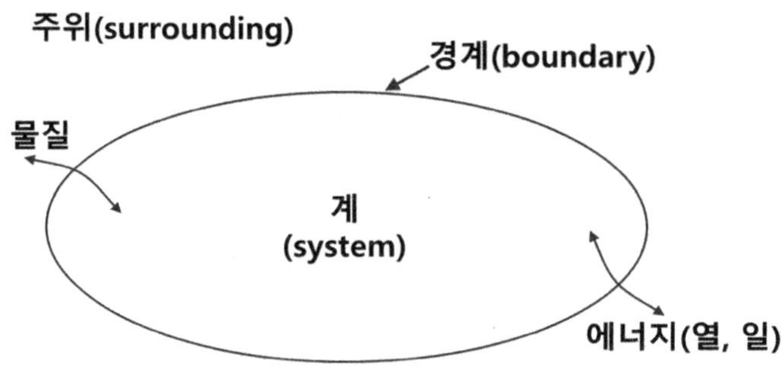

그림 7-1 계와 주위

[2] 열량과 비열

(1) 비열

단위 질량의 물체의 온도를 단위 온도차 상승시키는 데 필요한 열량을 비열이라고 한다. 질량이 m인 물체의 온도를 dt 만큼 올리는데 소요된 열이 dq라고 하면, 비열 C는 다음과 같다.

$$C = \frac{1}{m}\frac{dq}{dt} \tag{7-1}$$

여기서 질량 m의 단위는 kg, 온도를 올리기 위해 가해진 열량 dq의 단위는 kcal 또는 kJ, 열량에 의해 상승된 온도의 단위가 K이므로 비열 C의 단위는 kcal/kgK 또는 kJ/kgK이다.

비열은 물체를 가열하는 방법에 따라 달라진다. 가열하는 동안 체적의 변화를 억제하여 일정한 체적하에서 가열할 때의 비열을 정적비열(specific heat under constant volume)이라 하고, C_v로 표기한다. 정적 과정과는 달리 일정한 압력 하에서 물체를 가열할 경우의 비열을 정압비열(specific heat under constant pressure)이라 하고, C_p로 표기한다.

정압 과정은 정적 과정과는 달리 일정한 압력 하에서 물체를 가열하기 때문에 대부분의 경우에는 물체의 부피가 커진다. 부피가 팽창하는 만큼 외부로 일을 하기 때문에, 같은 온도 상승을 위해서는 외부로 한 일만큼 더 많은 열이 필요하다. 따라서 일반적으로 $C_p > C_v$이다.

대기압에서 순수한 물 1 kg을 14.5℃로부터 15.5℃로 올리는데 필요한 열량은 1 kcal이다. 이로부터 물의 정압 비열이 1 kcal/kgK인 것을 알 수 있다. kcal 대신 kJ 단위를 사용하면 물의 정압 비열은 4.19 kJ/kgK이다.

(2) 열량

식(7-1)은 다음과 같이 쓸 수 있다.

$$dq = m \cdot C \cdot dt$$

위 식을 적분하면 다음과 같다.

$$q = m\int_{t_1}^{t_2} C dt \tag{7-2}$$

만약, C가 온도와 무관하다면, 위 식은 다음과 같다.

$$q = mC(t_2 - t_1) \tag{7-3}$$

C는 일반적으로 온도에 따라 변하는 값이지만, 그 변화가 크지 않기 때문에 온도 구간 $t_1 \sim t_2$ 사이의 평균값을 식(7-3)에 적용하여 열량을 계산한다.

식(7-2)와 (7-3)의 q는 질량이 m인 물체의 온도를 t_1으로부터 t_2까지 올리는데 필요한 열량이고 단위는 kcal 또는 kJ이다.

예제 7-1 열량 계산

0℃의 물 7 kg을 60℃로 가열하기 위해 필요한 열량을 구하시오.

풀이 식(7-3) 이용

t_1은 0℃, t_2는 60℃ 이므로 $t_2 - t_1 = 60$℃이고 60 K 같다.

$$q = mC(t_2 - t_1) = 7kg \cdot 1kcal/kgK \cdot 60K = 420kcal = 1759.8kJ$$

[3] 상변화와 잠열

(1) 상변화

일반적으로 물체에 열을 가하면 온도가 증가하는데, 열을 가하여도 온도는 변하지 않고 끓으면서 기체가 되거나, 녹으면서 액체가 되는 경우가 있다. 이와 같은 현상을 상변화라고 한다.

물이 담긴 용기를 개방한 채로 장시간 방치하면 물이 사라지는 것을 경험할 수 있다. 그리고 물이 담긴 냄비 등을 가열하면 물의 온도가 상승하다가 일정 온도에 도달한 후에는 온도의 상승은 멈춘 채로 끓으면서 수증기가 되면서 물은 줄어든다. 두 경우 모두 액체 상태의 물이 기체 상태의 수증기가 되어 대기 속으로 이동한 결과이다. 이처럼 액체가 기체로 변하는 것을 기화(氣化)라고 한다.

반대의 현상도 쉽게 관찰할 수 있다. 여름철, 책상 위에 방치된 차가운 아이스 커피

컵 표면에 이슬이 맺히는 것이나, 겨울철 자동차의 창문에 이슬이 맺혀 뿌옇게 되는 현상이 증발의 반대 과정이고, 이를 응축이라고 한다.

증발과 응축에는 모두 열의 출입이 수반되는데, 물 등의 액체가 기화하는 과정에서는 주위로부터의 열을 흡수해야 하고, 수증기 등의 기체가 응축하여 물과 같은 액체가 되는 과정에서는 열을 방출한다. 기화에 필요한 열을 기화열 또는 증발열이라 하고, 응축할 때 방출되는 열을 응축열 또는 액화열이라 한다. 응축열과 기화열의 크기는 같다.

빨래의 건조나 방치된 컵 속의 물이 사라지는 것과 같이 액체의 표면에서만 증발이 일어나는 현상과는 다르게 물속에서도 수증기가 발생하면서 물 전체에서 기화가 발생하는 것을 비등이라고 한다. 비등점(끓는 온도)는 압력과 상관되어 있으며, 표준대기압에서 물의 비등점은 100℃이다. 표 7-1에는 압력별 비등점과 기화열을 나타내었다. 이 표에서 기화열은 같은 온도의 액체가 기체가 되는데 필요한 열량을 말한다.

이 표로부터 알 수 있듯이 비등점은 압력이 올라가면 함께 올라가고, 압력이 낮아지면 비등점도 낮아진다. 예를 들어 −0.08 MPa(gage)의 압력에서는 60.3℃에서 물이 끓는다.

▌표 7-1▐ 물의 압력별 비등점과 기화열

압력/ MPa(gage)	온도/ ℃	기화열/ kJ/kg	압력/ MPa(gage)	온도/ ℃	기화열/ kJ/kg
−0.099	7.2	2483.9	0.1	120.6	2200.3
−0.09	46.1	2391.4	0.2	134.0	2162.2
−0.08	60.3	2356.8	0.3	144.1	2132.0
−0.07	69.4	2334.6	0.5	159.3	2084.1
−0.06	76.2	2317.7	1	184.7	1997.5
−0.05	81.6	2303.9	2	215.5	1876.5
−0.04	86.3	2292.1	3	236.4	1782.7
−0.03	90.3	2281.8	5	266.0	1627.8
−0.02	93.8	2272.5	10	312.7	1303.1
−0.01	97.0	2264.2	20	367.3	541.2
0	100.0	2256.4	21.961	373.94	40.20

얼음에 열을 가하면 얼음의 온도는 상승한다. 그러나 얼음의 온도가 0℃에 도달하면 온도는 변하지 않고 얼음의 양이 줄고, 물의 양이 늘어나는 상변화의 과정이 시작된다. 이 과정에 수반되는 열을 융해열이라 한다. 상변화가 0℃에서 일어나는 것은 표준 대기압에서 융점(녹는점)이 0℃이기 때문이다. 이때의 융해열은 335.2 kJ/kg(80 kcal/kg)이다.

(2) 현열과 잠열

식(7-3)은 열의 출입에 따라 온도 변화가 수반되는 과정을 설명하는 수식이다. 온도 변화와 관련된 열을 현열(sensible heat)이라고 한다. 이와는 달리 상변화 과정에서 출입하는 열은 잠열(latent heat)이라 부른다. 잠열과 관련된 열을 계산하는 식은 다음과 같다.

$$q_L = m \cdot L \tag{7-4}$$

여기서, q_L은 잠열이고, m은 상태가 바뀐 물체의 질량이고, L은 단위 질량 당 상변화 잠열이다. 물의 증발 또는 응축과정의 단위 질량 당 상변화 잠열은 표 7-1에 나타내었고, 물의 융해 또는 응고과정의 단위 질량 당 상변화 잠열은 앞서 언급한 것과 같이 335.2 kJ/kg(80 kcal/kg)이다.

예제 7-2 상변화가 동반된 과정의 열량 계산

0℃의 얼음 30 kg을 가열하여 100℃의 수증기로 바꾸려면 얼마의 열이 필요한가?

풀이 식(7-3)과 식(7-4) 이용

이 문제는 얼음이 물로 변하는 과정, 물의 온도가 상승하는 과정, 물이 수증기로 변하는 과정의 세 단계로 구분하여 열량을 계산한다.

먼저 첫 단계인 0℃의 얼음이 녹아서 0℃의 물이 되는 과정에 필요한 열량, q_1을 계산한다. 이 과정은 상변화 과정이므로 식(7-4)를 이용한다.

$$q_1 = m \cdot L = 30\text{kg} \cdot 335.2\text{kJ/kg} = 10{,}056\text{kJ}$$

두 번째 단계는 0℃의 물이 100℃가 되는 온도 상승 과정에 필요한 열량, q_2을 계산한다. 이 과정은 온도가 변하는 과정이므로 식(7-3)을 이용한다.

$$q_2 = mC(t_2 - t_1) = 30\text{kg} \cdot 4.19\text{kJ/kgK} \cdot (100 - 0)℃ = 12{,}570\text{kJ}$$

세 번째는 식(7-4)를 이용하여 100℃의 물이 100℃의 수증기가 되는 상변화 과정에 필요한 열량, q_3을 계산한다.

$$q_3 = m \cdot L = 30kg \cdot 2256.4kJ/kg = 67,692kJ$$

0℃의 얼음 30 kg을 가열하여 100℃의 수증기로 만드는데 필요한 열량은 다음과 같다.

$$q = q_1 + q_2 + q_3 = 10,056kJ + 12,570kJ + 67,692kJ = 90,318kJ$$

[4] 일과 동력

(1) 일

일은 물체의 이동과 관련된 에너지라 할 수 있고, 이동에는 힘이 필요하다. 물체의 이동에 관여한 힘을 F라 하고, 이동한 거리를 dx라고 하면 F의 힘으로 dx의 변위를 만들어 낸 경우의 일은 다음과 같다.

$$dW = F \cdot dx \tag{7-5}$$

열역학에서는 일을 하는 주체를 계로 생각한다. 계가 주위로 일(work)을 하면 (+)의 일로 간주하고, 주위에서 계로 일을 하면 (−)로 본다. (+)의 일이라는 것은 계가 주위로 일을 한 것이므로, (+)의 일이 행하여지면 계가 가진 에너지는 줄어든다.

일의 SI 단위는 J이고, 그 외에 $kg_f \cdot m$, kWh 등이 있다.

(2) 동력

단위 시간당 행한 일을 공률 또는 동력이라 하며, 영어로는 Power라 표현한다. 동력을 일과 시간으로 표현하면 다음과 같다.

$$P = \frac{dW}{dt} \tag{7-6}$$

동력의 SI 단위는 J/s이고, 줄여서 W로 표기한다.

식(7-5)에 식(7-4)를 대입하면,

$$P = \frac{dW}{dt} = F\frac{dx}{dt} = F \cdot w \tag{7-7}$$

이 식으로부터 동력은 힘(F)과 움직이는 속도(w)의 곱으로 표현된다.

이 장에서는 부피를 표기하는 V와 단위 질량당 부피를 표기하는 v를 피하여 유속은 w로 표기한다.

예제 7-3 동력 계산

기중기를 이용하여 100 kg의 물체를 1초에 5 m씩 들어올리고 있다. 이 기중기의 동력[kW]은 얼마인가?

풀이 식(7-7) 이용

동력은 식(7-7)을 이용하여 작용하는 힘과 속도의 곱으로 구한다. 이 문제에서는 물체에 중력이 작용하는 상황이므로 물체의 질량과 중력가속도를 곱하여 중력을 구한다. 따라서 100 kg의 물체에 작용하는 중력은 다음과 같다.

$$F = mg = 100\text{kg} \cdot 9.81\text{m/s}^2 = 981\text{kg} \cdot \text{m/s}^2 = 981\text{N}$$

동력 P는

$$P = F \cdot w = 981\text{N} \cdot 5\text{m/s} = 4{,}905\text{N} \cdot \text{m/s}$$
$$= 4{,}905\text{J/s} = 4{,}905\text{W} = 4.905\text{kW}$$

[5] 상태량

열역학에서 취급하는 물리량은 상태량(quantity of state, property)과 상태량이 아닌 것으로 나눈다. 상태량이란 물질이 상태 1에서 상태 2로 변화할 때 그 변화가 최종 상태에 대응하는 양과 최초 상태에 대응하는 양의 차이만으로 구해지는 양을 의미한다.

열역학적 상태량으로는 온도, 압력, 체적, 내부에너지, 엔탈피, 엔트로피 등이 있다. 상태량은 강도성 상태량(intensive property)과 용량성 상태량(extensive property)으로 나뉜다. 예를 들어 온도는 강도성 상태량이고, 부피는 용량성 상태량이다. 50℃ 물 200 g을 둘로 나누면, 물의 부피는 처음의 약 0.2L에서 약 0.1L로 줄어든다. 그러나 물의 온도는 25℃가 되는 것이 아니라 50℃를 그대로 유지한다. 즉, 부피는 물질의 양에 따라 변하는 용량성 상태량, 온도는 물질의 양에 따라 변하지 않는 강도성 상태량이다.

강도성 상태량으로는 온도와 압력이 있고, 체적, 내부에너지, 엔탈피, 엔트로피 등은 용량성 상태량이다. 용량성 상태량을 물질의 양으로 나누면 즉, 질량이나 몰수 등으로 나누면 강도성 상태량이 된다.

경험에 의하면 순수한 물질의 경우, 2개의 상태량을 알면 나머지 상태량을 모두 알 수 있다.

열과 일은 상태 1과 상태 2, 즉 시작점과 끝점의 상태만 알면 계산해 낼 수 있는 양이 아니다. 상태 1에서 어떤 과정을 거쳐서 상태 2가 되었는지에 따라 일과 열은 달라진다. 따라서 열과 일은 상태량이 아니다.

2 열역학 제1법칙

열역학 제1법칙은 에너지보존의 법칙을 열역학적으로 표현한 것이다. 열 출입이 없는 정상류에 대해서 열역학 제1법칙을 적용하면 베르누이 방정식을 얻을 수 있으며, 베르누이 방정식에 열의 출입을 고려하면 정상류의 에너지 방정식이 된다.

[1] 열과 일의 상호 관계

열과 일은 모두 에너지이다. 따라서 열과 일은 상호 변환될 수 있다. 증기기관이나 내연기관을 보면 연료를 태워서 발생하는 열에너지를 이용하여 기차나 자동차를 달리게 하는 일을 만들어 내고 있다. 반대의 과정은 더 쉽게 일어나는데, 양손을 비비면 손바닥이 따뜻해지는 현상이나, 나무와 나무를 마찰시켜 불을 만드는 과정도 일을 열로 바꾸는 과정이다.

[2] 내부에너지

질량이 m kg인 물체가 가지고 있는 에너지는 물체의 온도가 높을수록 크다. 물체의 온도는 물체를 구성하는 분자의 운동과 관련이 있는데, 온도가 높으면 분자의 운동이 활발하다. 온도가 높아지면 고체와 액체는 분자들이 상호 결합해 있으므로 분자의 진동이 활발해지고, 기체는 분자의 운동 속도가 빨라진다. 진동 또는 운동 속도의 형태로 물체 내부에 보유하고 있는 에너지를 내부에너지라고 한다. 여기서는 내부에너지를 U(kJ)로 표기한다.

내부에너지는 물체의 양에 따라 달라지므로 용량성 상태량이다. 어떤 물체가 가진 내부에너지를 그 물체의 질량으로 나눈 값을 비내부에너지라하고, 단위는 kJ/kg을 사용하며, 기호는 u를 사용한다. 이것은 내부에너지 U와는 달리 강도성 상태량이다. 비내부에너지를 때때로 내부에너지라고 줄여서 표시하는 경우가 종종 있으니 주의하기 바란다.

[3] 열역학 제1기초식

우리의 경험에 비추어 보면 물체를 가열하면 물체의 온도가 상승하고, 부피는 증가한다. 이것을 수학적으로 기술하면 다음 식과 같고, 그림 7-2처럼 나타낼 수 있다.

$$dq = dU + pdV = dU + dW \tag{7-8}$$

식(7-8)은 열역학 제1법칙의 제1기초식이라고하고, 이 식의 의미는 "물체에 열(dq)을 가하면 그 물체는 열을 흡수하여 내부에너지가 올라가고(dU), 부피가 증가하여 주위로 일(dW = pdV)을 한다"이다.

이 식을 최초 상태(1)에서 최종 상태(2)까지 적분하면 다음 식을 얻는다.

$$q_{12} = \int_1^2 dU + \int_1^2 dW \tag{7-9}$$

위 식의 우변의 첫 번째 항은 물체가 열 q_{12}를 받아서 최초 상태(1)에서 최종 상태(2)까지 변화하는 사이에 증가한 내부에너지를 의미한다. 식(7-9)의 우변 첫 번째 항을 적분하면,

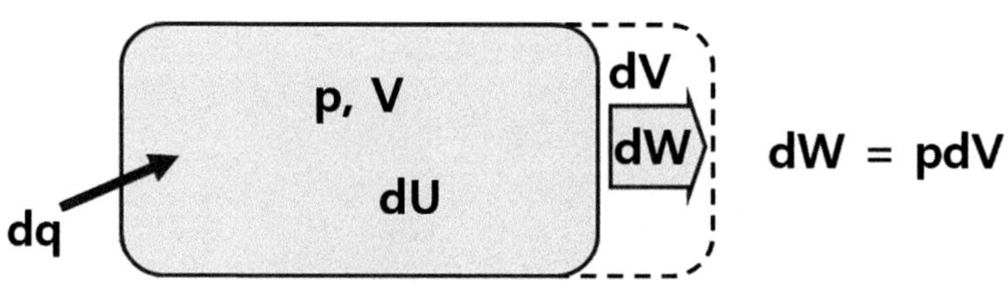

그림 7-2 열역학 제1법칙

$$\int_1^2 dU = (U_2 - U_1) = U_{12} \tag{7-10}$$

이다. U_{12}는 최종 상태 (2)의 내부에너지 U_2와 최초 상태(1)의 내부에너지 U_1의 차이다. 내부에너지와 온도의 관계는 다음과 같다.

$$U = C_v T \tag{7-11}$$

식(7-11)을 이용하면, 식(7-10)은 다음과 같이 쓸 수 있다.

$$U_{12} = m(C_{v,2}T_2 - C_{v,1}T_1) \tag{7-12a}$$

$$U_{12} = mC_{v,av}(T_2 - T_1) \tag{7-12b}$$

$C_{v,2}$, $C_{v,1}$는 각각 온도 T_2와 T_1에서의 정압 비열이고, $C_{v,av}$는 두 온도 사이의 평균적 정압비열이다.

식(7-9)의 우변의 두 번째 항은 물체가 열 q_{12}를 받아서 최초 상태(1)에서 최종 상태(2)까지 변화하는 과정 동안 외부로 한 일을 의미한다. 식(7-9)의 우변 두 번째 항을 적분하면,

$$\int_1^2 dW = W_{12} = \int_1^2 pdV \tag{7-13}$$

이다. $U_{12} = U_2 - U_1$인 반면, W_{12}가 $W_2 - W_1$이 아닌 것은 U는 상태량이지만, W는 상태량이 아니기 때문이다. 식(7-13)의 적분 결과는 조건에 따라서 무수히 많은 결과가 될 수 있다. 그 중 비교적 간단한 것은 압력이 일정한 과정, 정압 과정이다. 관련된 예제를 예제 7-4와 7-5에 수록하였다.

예제 7-4 일과 열 관련 계산(액체)

표준대기압에서 10℃의 물 100 kg을 가열하여 90℃로 만들었다. 이때 내부에너지 증가와 가열량을 계산하라.

풀이 식(7-9), 식(7-12) 그리고 (7-13)을 이용한다.

먼저 내부에너지 변화를 식(7-12b)를 이용하여 계산한다.(물의 정적 비열 : 표 A-2)

$$U_{12} = mC_{v,av}(T_2 - T_1)$$
$$= 100kg \cdot \frac{4.19 + 3.82}{2} kJ/kgK \cdot (90 - 10)K$$
$$= 32,040\,kJ$$

식(7-13)을 이용하여 상태 1부터 상태 2 사이의 부피 변화에 일을 구할 수 있고, 대기압 하에서 일어난 과정이므로 p는 일정하므로 식은 다음과 같다.

$$W_{12} = \int_1^2 pdV = p\int_1^2 dV = p \cdot (V_2 - V_1)$$

여기서 부피, 질량, 밀도 관계를 이용하여 위 식은 다음과 같이 쓸 수 있다.

$$W_{12} = p \cdot (V_2 - V_1) = p \cdot \left(\frac{m}{\rho_2} - \frac{m}{\rho_1}\right) = p \cdot m \cdot \left(\frac{1}{\rho_2} - \frac{1}{\rho_1}\right)$$

여기서 ρ_2와 ρ_1은 각각 90℃와 10℃ 물의 밀도이며, 표 A-2에서 찾을 수 있다.

$$W_{12} = 101.3kPa \cdot 100kg \cdot \left(\frac{1}{965.3kg/m^3} - \frac{1}{999.7kg/m^3}\right) = 0.3611kJ$$

이 값을 식(7-9)에 대입하여 필요한 열량을 구한다.

$$q_{12} = U_{12} + W_{12} = 32,040\,kJ + 0.3611\,kJ = 32,040.9611\,kJ$$

열량의 99.999%가 내부에너지 증가에 사용되었고, 0.001%의 열량만 주위로 일을 하는데 사용되었다. 액체는 온도 변화에 따른 부피 변화가 거의 없기 때문이다.

액체나 고체의 가열 문제에서는 부피 팽창에 따른 일에 대한 효과는 무시하고 계산하여도 오차가 거의 없다는 것을 알 수 있다.

이 예제에서 U_{12}를 계산할 때 10℃의 정적 비열(4.19 kJ/kgK)과 90℃의 정적 비열(3.82 kJ/kgK)의 평균값을 적용한 식(7-12b)를 사용하였으나, 정확한 계산을 위해서는 다음과 같이 식(7-12a)를 사용하여야 한다.

$$U_{12} = m(C_{v2}T_2 - C_{v1}T_1)$$
$$= 100kg(3.82kJ/kgK \cdot 90 - 4.19kJ/kgK \cdot 10)K = 30,190\,kJ$$

평균 비열을 사용하여 계산한 값과 정확한 계산 사이의 오차는 약 6%다. 이 오차가 큰 값인지 무시할 만한 값인지는 상황에 따라 다르다.

예제 7-5 일과 열 관련 계산(기체)

표준대기압에서 10℃의 공기 100kg을 가열하여 90℃로 만들었다. 이때 내부에너지 증가와 가열량을 계산하라.

풀이 이 예제는 앞의 예제 7-4와 계를 구성하는 물질이 물이 아니라 공기라는 것을 제외하면 동일하다. 그러므로 풀이 과정도 동일하다.

식(7-9), 식(7-12) 그리고 (7-13)을 이용한다.

먼저 내부에너지 변화를 식(7-12a)를 이용하여 계산한다. (공기의 정적 비열 : 표 A-1)

$$U_{12} = m(C_{v,2}T_2 - C_{v,1}T_1)$$
$$= 100kg \cdot (0.72239kJ/kgK \cdot 90 - 0.71727kJ/kgK \cdot 10)K = 5784.24kJ$$

W_{12}는 앞의 예제에서와 같이 구한다.(공기의 밀도 : 표 A-1)

$$W_{12} = 101.3kPa \cdot 100kg \cdot \left(\frac{1}{0.97195kg/m^3} - \frac{1}{1.2472kg/m^3}\right)$$
$$= 2300.153kJ$$

이 값을 식(7-9)에 대입하여 필요한 열량을 구한다.

$$q_{12} = U_{12} + W_{12} = 5784.24kJ + 2300.153kJ = 8084.39kJ$$

열량의 71.5%가 내부에너지 증가에 사용되었고, 28.5%의 열량이 주위로 일을 하는데 사용되었다. 기체는 온도 변화에 따른 부피 변화가 상당히 크기 때문이며, 액체를 적용한 앞의 예제와는 차이가 크다는 것을 알 수 있다.

예제 7-4와 예제 7-5를 비교하면, 액체와는 달리 기체의 가열 문제에서는 부피 팽창에 따른 일의 영향을 무시할 수 없다는 것을 알 수 있다.

[4] 엔탈피

유동하는 물체, 즉 유체가 관심의 대상이 되는 문제를 생각해 보자. 유체가 계로 유입하고 유출하는 문제는 매우 다양하다. 예를 들어 터빈, 내연기관, 냉동기 등이 여기에 해당한다.

그림 7-3은 고온 고압의 수증기가 터빈으로 유입되어 터빈을 회전시키면서 일(W)을 만들어 내고, 수증기는 저압이 되어 터빈을 빠져나간다. 이 경우 터빈(계)으로 유

입되는 수증기(유체)가 가지고 들어오는 에너지 에너지는 다음과 같다.

$$E = \dot{m}u + pAw + \dot{m}\left(\frac{1}{2}w^2\right) + \dot{m}gz \tag{7-14}$$

우변의 첫째항에서 $\dot{m}$은 단위 시간 당 유입되는 유체의 질량이고, u는 단위 질량 당 내부에너지이다. 따라서 우변의 첫째항은 유입되는 유체가 계로 가지고 들어오는 내부에너지이다.

우변의 두 번째항에서 p는 유체가 밀고 들어오는 압력, A는 유체가 밀고 들어오는 면적(즉 입구의 면적), w는 유체가 밀고 들어오는 속력이다. pA는 유체가 계를 미는 힘이다. 식(7-7)에서와 같이 힘과 속력의 곱은 동력, 즉 단위 시간당 에너지이다. 두 번째항 pAw를 다음과 같이 변형하여 강도성 상태량으로 표현할 수 있다.

$$pAw = pQ = p\rho Q/\rho = p\dot{m}/\rho = \dot{m}pv \tag{7-15}$$

여기서, Q는 부피유량, v는 단위 질량당 부피, 즉 비체적이고, 밀도의 역수이다. 물론 비체적은 강도성 상태량이다.

우변의 세 번째항과 네 번째 항은 운동에너지와 위치에너지이다.

식(7-15)를 식(7-14)에 대입하고 정리하면 다음 식을 얻을 수 있다.

$$E = \dot{m}u + \dot{m}pv + \dot{m}\left(\frac{1}{2}w^2\right) + \dot{m}gz = \dot{m}\left(u + pv + \frac{1}{2}w^2 + gz\right) \tag{7-16}$$

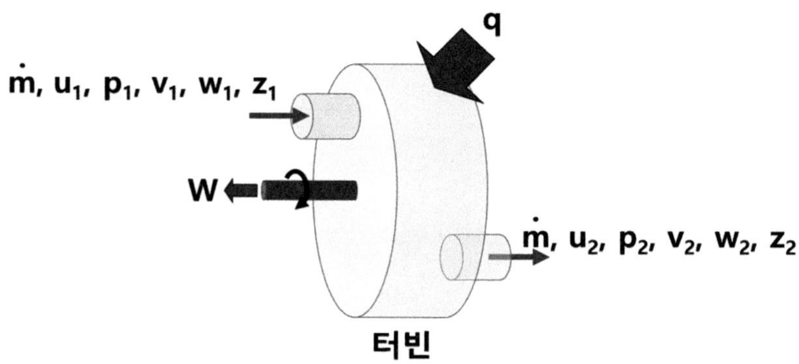

그림 7-3 터빈의 에너지 출입 관계

여기서 u와 pv는 여기에서만 아니라 유동하는 유체가 관여하는 모든 문제에서 동시에 나타나는 항이므로 이들의 합을 열역학적 물리량으로 정의하여 취급하면 편리하다. 이 물리량을 단위 질량당 엔탈피라고 정의하고, h로 표기한다. 엔탈피는 H로 표기한다. 엔탈피의 정의를 수식으로 표현하면 다음과 같다.

$$h = u + pv \tag{7-17a}$$

$$H = U + pV \tag{7-17b}$$

그림 7-3의 터빈에서 일어나는 과정에 대하여 에너지 보존의 법칙을 적용하면 다음과 같다.

$$\dot{m}\left(u + pv + \frac{1}{2}w^2 + gz\right)_1 + q = \dot{m}\left(u + pv + \frac{1}{2}w^2 + gz\right)_2 + W \tag{7-18}$$

위 식은 계로 들어오는 에너지와 계를 빠져나가는 에너지는 같다는 의미이다. 이 식은 정상상태에 적용할 수 있는 식이다.

이 식에서 열의 출입이 없고($q=0$), 일의 출입이 없고($W=0$), 온도의 변화가 없다면($T_1 = T_2 \rightarrow u_1 = u_2$), 베르누이 방정식과 동일하다는 것을 알 수 있다. 즉, 베르누이 방정식은 특별한 경우($q=0$, $W=0$, $T_1 = T_2$)에 적용 가능한 에너지 방정식이다.

식(7-18)에 엔탈피의 정의(식(7-17a))를 적용하면 다음과 같다.

$$\dot{m}\left(h + \frac{1}{2}w^2 + gz\right)_1 + q = \dot{m}\left(h + \frac{1}{2}w^2 + gz\right)_2 + W \tag{7-19}$$

이 식은 유체의 유동이 관여하는 모든 계에 적용할 수 있다.

이 식을 일을 수반하지 않고, 운동에너지와 위치에너지를 무시할 수 있는 상황, 예를 들어 보일러(그림 7-4)에 적용한다면, 다음과 같이 간략화된다.

$$\dot{m}h_1 + q = \dot{m}h_2 \tag{7-20}$$

이 식을 열량 q에 대해 정리하면 다음의 식을 얻을 수 있다.

$$q = \dot{m}(h_2 - h_1) \tag{7-21}$$

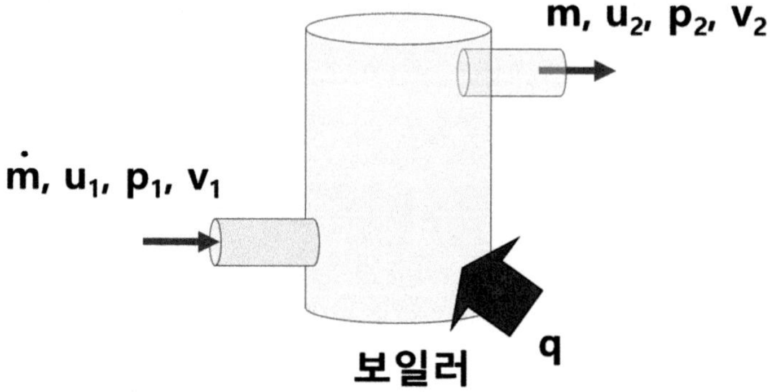

그림 7-4 보일러의 에너지 출입 관계

예제 7-6 유체의 유동이 관여하는 열 관련 계산(보일러1)

도시 가스를 연소시켜 열 q를 공급하고 있는 보일러가 있다. 보일러에 20℃의 물이 1초에 1kg씩 유입되고, 60℃의 온도가 되어 유출되고 있다. 열량 q는 얼마인가?

풀이 물의 엔탈피는 표 A-2에서 찾을 수 있다. 이 표에서 h_f는 액체의 엔탈피를 나타낸다. 60℃와 20℃ 물의 엔탈피는 251.1 kJ/kg, 83.94 kJ/kg이다. 이 값과 문제에서 주어진 질량 유량을 식(7-21)에 대입하면 열량 q를 구할 수 있다.

$$q = \dot{m}(h_2 - h_1) = 1\text{kg/s} \cdot (251.1\text{kJ/kg} - 83.94\text{kJ/kg})$$
$$= 167.16\text{kJ/s} = 167.16\text{kW}$$

예제 7-7 유체의 유동이 관여하는 열 관련 계산(보일러2)

도시 가스를 연소시켜 열 q를 공급하고 있는 보일러가 있다. 보일러에 20℃의 물이 1초에 1 kg씩 유입되고, 100℃의 수증기가 되어 유출되고 있다.

① 유출되는 수증기의 엔탈피를 구하라.
② 유출되는 수증기의 내부에너지를 구하라.
③ 열량 q는 얼마인가?

풀이 ① 100℃ 수증기의 엔탈피는 표 A-2에서 찾을 수 있다. 이 표에서 수증기의 엔탈피는 h_g이다.

$$h_2 = h_g(100℃) = 2676kJ/kg$$

② 표 A-2에 내부에너지가 없으므로 엔탈피의 정의로부터 구한다.

$h = u + pv$이므로,

$$u_2 = h_2 - pv_2 = h_2 - p/\rho_{v,2}$$

$$= 2676kJ/kg - \frac{101.3kPa}{0.59817kg/m^3} = 2676kJ/kg - 169.35kJ/kg$$

$$= 2506.6kJ/kg$$

③ 열량은 식(7-21)을 이용하여 구한다.

$$q = \dot{m}(h_2 - h_1) = 1kg/s \cdot (2676kJ/kg - 83.94kJ/kg)$$

$$= 2592.06kJ/s = 2592.06kW$$

3 열역학 제2법칙

뜨거운 물과 차가운 물을 혼합하면 미지근한 물이 되는 것은 경험적으로 알고 있고 언제든지 일어날 수 있는 일이다. 그러나 미지근한 물 두 컵이 갑자기 차가운 물과 뜨거운 물로 변하는 일은 경험하지도 못하였을 뿐만 아니라, 기대하지도 않는다. 여름철 차가운 음료수를 더운 곳에 방치하면 음료수는 주변의 열을 흡수하면서 온도는 점점 올라가고, 마침내 실내 온도와 같아진다. 그러나 실내 온도와 같은 음료수가 주변으로 열을 방출하면서 차가워지지는 않는다는 것을 잘 알고 있다. 자연계의 변화는 유용함이 감소하는 방향으로, 무질서가 증가하는 방향으로 일어난다는 것을 경험적으로 알고 있기 때문이다.

이와 같은 현상을 체계화시킨 것이 열역학 제2법칙이다.

[1] 열역학 제2법칙의 표현

열역학 제2법칙을 한마디로 정의한 것은 없으나 많은 학자들이 여러 가지 방법으로 표현하고 있는데, 열역학 제2법칙에 대한 이해를 돕고자 소개한다.

(1) 캘빈-플랑크의 서술(Kelvin-Planck statement)

"어떠한 열기관도 고온 매체로부터 받은 열(heat)**과 동일한 양의 일**(work)**을 만들어 낼 수 없다."** 이는 열기관의 열효율은 절대로 100%가 될 수 없음을 의미한다. 내연기관 등의 열기관의 효율은 마찰이나 소음 등 요인이 없다 하더라도 본질적으로 100%의 효율을 가진 열기관은 불가능하다는 의미이다. 반면, 일을 같은 양의 열로 변환하는 시스템은 가능하다.

(2) 클라우지우스의 서술(Clausius statement)

"주위에 아무런 영향을 남기지 않으면서 낮은 온도의 물체로부터 높은 온도의 물체로 열을 이동시킬 수 있는 장치는 없다." 즉 열이 스스로 온도가 낮은 곳에서 높은 곳으로 흐르지 않는다는 의미이다. 압축기나 펌프 등의 일의 개입이 없는 냉동기는 존재할 수 없다는 뜻이다.

켈빈-플랑크의 서술과 클라우지우스의 서술은 모두 부정적인 서술이며 증명될 수 없다. 다른 물리법칙처럼 열역학 제2법칙은 실험적인 관찰에 근거를 두고 있으며, 열역학 제2법칙을 위반하는 실험이 수행된 적이 없다. 따라서 열역학 제2법칙의 근거는 실험에 의한 검증이다.

켈빈-플랑크의 서술을 위반하는 장치는 클라우지우스의 서술을 위반하며 그 역도 성립하므로 두 서술은 결과적으로 같다.

[2] 가역과정과 비가역과정

주위에 아무런 변화를 남기지 않고 다시 역으로 돌아갈 수 있는 과정을 가역과정이라고 한다. 이와는 달리 최초의 상태로 돌아가는 과정에서 주위에 변화를 남기는 과정을 비가역과정이라고 한다.

가역과정은 실제 과정을 이상화시킨 것으로써, 자연에는 존재할 수 없다. 그러나, 이 가역과정은 공학의 목표가 될 수 있기에 중요하다. 캘빈-플랑크의 진술에서 설명한 것과 같이 열기관의 열효율은 절대로 100%가 될 수 없다고 하였는데, 현실적으로 도전할 수 있는 목표의 기준을 가역과정의 열효율이라고 할 수 있다. 물론 가역과정의 열효율을 달성하는 것도 여러 가지의 비가역 요인으로 인해 불가능하다. 비가역 요인으로는 기계적 마찰, 전기저항, 열전달에 필요한 온도차, 혼합, 팽창 등 피할 수 없는 것들이 있다.

[3] 열기관의 열효율

가역과정으로 운전되는 열기관을 카르노 기관(Carnot Engine)이라고 하고, 이 기관이 작동되는 사이클을 카르노 사이클(Carnot cycle)이라고 한다. 그림 7-5에 카르노 엔진에서의 일과 열의 출입 관계를 나타내었다.

에너지 보존식은 다음과 같다.

$$W = q_H - q_C \tag{7-22}$$

이 카르노 엔진의 효율은 다음과 같다.

$$\eta_{C.e} = \frac{W}{q_H} = \frac{q_H - q_C}{q_H} = 1 - \frac{q_C}{q_H} \tag{7-23}$$

여기서, q_H, q_C, W는 각각 고온 열원으로부터 열기관으로 이동한 열량, 열기관에서

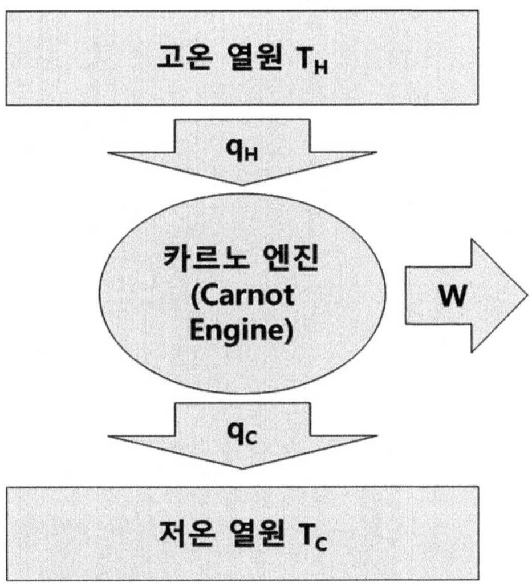

그림 7-5 카르노 엔진의 열과 일

저온 열원으로 버린 열량, W는 열기관이 만들어 낸 일량이다. 이 식에서 q_C가 0이 아닌 이상 카르노 엔진의 효율은 1보다 작을 수밖에 없다.

몇 가지 수학적 과정을 거치면 식(7-23)은 다음과 같이 절대온도로 표현할 수 있다.

$$\eta_{C.e} = 1 - \frac{T_C}{T_H} \tag{7-24}$$

여기서, 이 식으로부터 T_H와 T_C는 각각 고온 열원의 온도와 저온 열원의 온도이며, 절대온도이다. 따라서 저온 열원의 온도가 절대 0도가 되지 않는다면 카르노 엔진의 효율은 1보다 작을 수밖에 없다.

[4] 냉동기의 성적계수

가역과정으로 운전되는 냉동기관을 카르노 냉동기관(Carnot Refrigerator)이라고 하고, 이 기관이 작동되는 사이클을 역 카르노 사이클(reversed Carnot cycle)이라고 한다. 그림 7-6에 카르노 냉동기관에서의 일과 열의 출입 관계를 나타내었다.

역 카르노 사이클의 에너지 보존식은 카르노 엔진의 에너지보존 식과 동일하다.

$$W = q_H - q_C \tag{7-22}$$

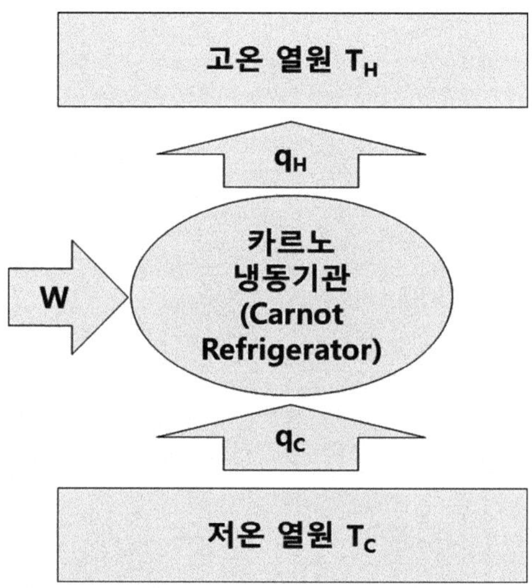

그림 7-6 카르노 냉동기관의 열과 일

이 카르노 냉동 기관을 난방 등을 위하여 사용할 경우, W를 기관에 투입하고 q_H를 활용하므로 기관의 성적계수(COP, Coefficient Of Performance)는 다음과 같다.

$$COP_H = \frac{q_H}{W} = \frac{q_H}{q_H - q_C} = \frac{T_H}{T_H - T_C} \tag{7-25}$$

반면 카르노 냉동기관을 냉방이나 냉동 등을 위하여 사용할 때는 q_C를 활용하므로 기관의 성적계수(COP)는 다음과 같다.

$$COP_C = \frac{q_C}{W} = \frac{q_C}{q_H - q_C} = \frac{T_C}{T_H - T_C} \tag{7-26}$$

식(7-25) 및 (7-26)의 온도는 카르노 기관과 같이 절대온도를 사용한다.

에너지 보존식으로부터 $q_H = q_C + W$이므로, 이 관계를 식(7-25)에 대입하면 다음과 같다.

$$COP_H = \frac{q_H}{W} = \frac{W + q_C}{W} = 1 + \frac{q_C}{W} = 1 + COP_C \tag{7-27}$$

냉동기관을 냉동 목적으로 사용할 때보다 난방 등 가열을 목적으로 사용할 때 성적계수가 1이 더 크다는 것을 알 수 있다.

식(7-26)의 T_C는 절대온도이므로 항상 양수이고, 따라서 COP_C도 양수이다. 따라서 식(7-27)로부터 COP_H는 항상 1보다 크다는 것을 알 수 있다.

냉동기관은 효율 대신 성적계수를 정의하여 사용한다. 효율은 1보다 클 수 없지만 성적계수는 고온 열원과 저온 열원의 온도 차가 작아지면 무한히 증가할 수 있다.

예제 7-8 냉동기의 성적계수

냉동창고 온도가 −18℃이고 외부 온도가 25℃이다. 냉동창고를 저온으로 유지하기 위해 냉동기를 작동시키고 있다. 이 냉동기의 역 카르노 사이클의 성적계수를 구하라.

풀이 냉동기의 성적계수를 구할 수 있는 식(7-26) 이용

식(7-26)에 적용되는 T_H와 T_C는 절대온도이므로

$$T_H = 25 + 273.15 = 298.15K,\ T_C = -18 + 273.15 = 255.15K$$

이다. 이 값을 식(7-26)에 대입하면,

$$COP_C = \frac{T_C}{T_H - T_C} = \frac{255.15K}{298.15K - 255.15K} = 5.934$$

이다.

4 이상기체

이상기체(ideal gas) 또는 완전기체(perfect gas)는 기체 분자 사이의 인력이 없어서 보일의 법칙, 게이뤼삭의 법칙 등을 따르는 가스를 말한다. 이상기체라는 말에서 알 수 있듯이 현실에 존재하지 않는 가스이다. 다만, 분자 간의 인력이 무시할 만큼 작다면 이상기체로 취급하여도 계산 결과의 오차도 무시할 만큼 작아질 수 있다.

분자 사이의 인력이 작아지려면 분자들 사이의 거리가 멀고, 분자의 질량이 작아야 한다. 공기, 산소, 수소, 헬륨 등은 분자 간의 거리가 멀고 분자의 크기도 작아 분자 간의 인력이 무시할 만큼 작다.

압력이 낮을수록, 온도가 높을수록, 그리고 분자량이 작을수록 분자 간의 인력의 영향은 더 적어져 이상기체로 취급할 경우의 오차는 줄어든다.

반면, 수증기, 암모니아, 냉매 가스 등은 액화와 기화가 쉽게 일어나고, 분자 간의 인력과 분자의 부피도 무시할 수 없어 이상기체로 취급할 수 없다. 이런 가스를 불완전 가스(imperfect gas)라고 한다.

[1] 보일의 법칙

이상기체는 절대온도 T가 일정하다면, 비체적 v는 압력 p에 반비례한다. 이것을 식으로 표현하면,

$$v \propto \frac{1}{p} \Rightarrow v = \frac{C}{p} \quad (7\text{-}28a)$$

이다. 여기서 C는 일정 상수이다. T가 일정한 조건, 즉 $T_1 = T_2$라면 p와 v를 곱한 값이 일정하다고 볼 수 있다. 이를 수식으로 쓰면 다음과 같다.

$$p_1v_1 = p_2v_2 = C \quad (7\text{-}28b)$$

이다. 이 식을 다음과 같이 정리할 수도 있다.

$$\frac{p_1}{p_2} = \frac{v_2}{v_1} \quad (7\text{-}28c)$$

여기서, 모든 온도 T는 절대온도이다.

[2] 게이뤼삭 또는 샤를의 법칙

보일의 법칙과는 달리 압력이 일정한 조건에서 이상기체의 부피는 온도에 비례한다는 법칙이다. 이것을 수식으로 표현하면 다음과 같다.

$$v \propto T \Rightarrow v = c\,T \quad (7\text{-}29a)$$

즉, $p_1 = p_2$이면, v를 T로 나눈 값이 일정하다. 이를 수식으로 쓰면,

$$\frac{v_1}{T_1} = \frac{v_2}{T_2} = c \quad (7\text{-}29b)$$

이다. 이 식을 다음과 같이 정리할 수도 있다.

$$\frac{T_1}{T_2} = \frac{v_1}{v_2} \quad (7\text{-}29c)$$

여기서, 모든 온도 T는 절대온도이다.

압력이 일정한 조건에서 섭씨온도 0℃(절대온도 273.15K)의 이상기체의 온도를 1℃ 또는 1K 낮추거나 높이면 그 부피가 273.15분의 1만큼 줄어들거나 늘어난다.

[3] 이상기체 상태방정식

보일의 법칙과 샤를의 법칙을 하나로 조합하면 이상기체 상태방정식을 얻을 수 있다. 이상기체를 상태①에서 상태②로 등온 변화시킨 후, 상태②로부터 등압 변화 과정을 거쳐서 상태③이 되었다. 이것을 그림 7-7에 나타내었다.

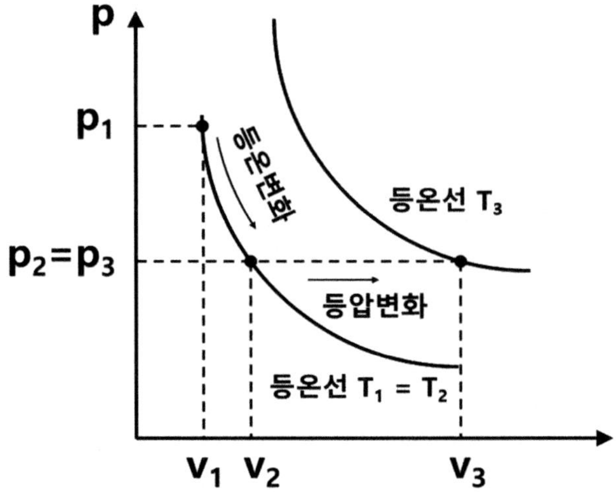

그림 7-7 이상기체의 변화 과정

상태①과 상태②는 온도가 같으므로, 보일의 법칙을 적용하면 $p_1v_1 = p_2v_2$이다. 그리고, $p_2 = p_3$ 이므로 다음 식이 성립한다.

$$v_2 = v_1\frac{p_1}{p_2} = v_1\frac{p_1}{p_3} \tag{7-30}$$

상태②와 상태③은 압력이 동일하므로 샤를의 법칙에 $\frac{v_2}{v_3} = \frac{T_2}{T_3}$, $T_2 = T_1$이므로 다음이 성립한다.

$$v_2 = v_3\frac{T_1}{T_3} \tag{7-31}$$

이 식을 식(7-30)에 대입하면, 다음을 얻을 수 있다.

$$v_1\frac{p_1}{p_3} = v_3\frac{T_1}{T_3}$$

위 식을 정리하면,

$$\frac{p_1 v_1}{T_1} = \frac{p_3 v_3}{T_3} \tag{7-32}$$

이 식은 p, v, T 모두 상태량이므로 과정을 고려할 필요가 없는 식이다.

$$\frac{pv}{T} = C \tag{7-33}$$

여기서 상수 C는 기체의 몰수에 상관된 값으로, $C = nR_0$이다. 이를 적용하여 정리하면 최종적으로 이상기체 상태방정식을 얻을 수 있고, 다음과 같다.

$$pv = nR_0T \tag{7-34}$$

여기서, n은 기체의 몰수, R_0는 일반기체상수(universal gas constant)라 하고, 단위는 kJ/kmolK이다.

예제 7-9 이상기체 상태방정식 응용(기체상수 계산)

표준조건(STP)에서의 기체 1 mol의 부피는 22.4 L이다. 이를 이용하여 일반기체상수를 구하라.

풀이 식(7-34) 이용

표준조건(Standard condition)은 표준 온도 및 압력(Standard Temperature and Pressure)을 의미하며, 약자로 STP라고 한다. STP는 0℃, 1기압을 의미한다. 식(7-33)에 1 mol, 273.15 K(0℃), 101.3 kPa(1기압), 0.0224 m^3(22.4 L)를 대입하면, R_0를 구할 수 있다.

$$R_0 = \frac{pv}{nT} = \frac{101.3\text{kPa} \cdot 0.0224\text{m}^3}{1\text{mol} \cdot 273.15\text{K}} = 8.3072 \cdot 10^{-3}\text{kJ/mol} \cdot \text{K}$$

$$= 8.3072\text{J/mol} \cdot \text{K}$$

$$= 8.3072\text{kJ/kmol} \cdot \text{K}$$

[4] 일반기체상수와 기체상수

식(7-34)의 n은 기체의 몰수이며, 이는 다음과 같이 구할 수 있다.

$$n = \frac{m}{M} \tag{7-35}$$

여기서, m은 기체의 질량이다. M은 분자량이고, 단위는 g/mol 또는 kg/kmol이다. 식(7-35)를 식(7-34)에 대입하면 다음과 같이 새로운 이상기체 방정식을 얻을 수 있다.

$$pv = \frac{m}{M}R_0T = m\frac{R_0}{M}T = mRT$$

정리하면,

$$pv = mRT \tag{7-36a}$$

여기서, R은 기체상수 또는 기체정수, 가스상수 등이라 하고, 단위는 kJ/kgK이다. 이 단위는 비열과 같은 단위임에 주의하라.

$$R = \frac{R_0}{M} \tag{7-36b}$$

R_0는 고정된 값(8.3072kJ/kmolK)이지만, 분자량 M(kg/kmol)은 기체의 종류에 따라 달라지는 값이므로 기체상수 R은 기체마다 달라지는 값이다.

예제 7-10 이상기체 상태방정식 응용(기체상수 계산)

이산화탄소의 기체상수를 구하라.

풀이 식(7-36b)와 이산화탄소의 분자량 이용

이산화탄소의 분자식은 CO_2이고, 탄소의 원자량 12, 산소의 원자량이 16이므로 이산화탄소의 분자량은 12+16×2=44 kg/kmol 이다. 이를 식(7-36b)에 대입하면, 이산화탄소의 기체상수는 다음과 같다.

$$R = \frac{8.3072\text{kJ/kmolK}}{44\text{kg/kmol}} = 0.188\text{kJ/kgK}$$

예제 7-11 이상기체 상태방정식 응용(밀도 계산)

온도 57℃, 압력 2.5기압에서 이산화탄소의 밀도를 구하라.

풀이 식(7-36a)를 이용한다.

밀도는 질량을 부피로 나눈 값으로써, $\rho = m/v$이다.

$$T = 57+273K = 330K,\ p = 2.5\ atm = 2.5 \cdot 101.3\ kPa,\ R = 0.188\ kJ/kgK$$

이 값을 식(7-36a)에 적용한다.

$$pv = mRT \Rightarrow$$

$$\rho = \frac{m}{v} = \frac{p}{RT} = \frac{2.5 \cdot 101.3kPa}{0.188kJ/kgK \cdot 330K}$$

$$= \frac{2.5 \cdot 101.3kPa}{0.188kPa \cdot m^3/kgK \cdot 330K} = 4.082kg/m^3$$

예제 7-12 이상기체 상태방정식 응용(분자량 계산)

표준조건(STP)에서 공기의 밀도는 1.293 kg/m^3이다. 이것을 이용하여 공기의 분자량을 계산하라.

풀이 식(7-36a)와 (7-36b)를 이용한다.

식(7-36a)에 (7-36b)를 적용하고, 분자량 M에 대해 정리하면,

$$pv = mRT \Rightarrow pv = m\frac{R_0}{M}T \Rightarrow M = \frac{mR_0T}{vp} = \frac{\rho R_0 T}{P} \Rightarrow$$

$$M = \frac{1.293kg/m^3 \cdot 8.3072kJ/kmolK \cdot 273K}{101.3kPa} = 28.95kg/kmol$$

연 습 문 제

[1] 0°C의 물 1kg의 온도를 100°C로 높이는데 필요한 열량을 kJ, kcal 단위로 각각 구하라.

[2] 60°C의 물을 만들기 위해서는 20°C 물 100kg에 80°C의 물 몇 kg을 혼합해야 하는가? 단, 열손실은 없다.

[3] 대기압 상태에서 −10°C의 열음 10 kg을 모두 100°C의 증기로 만들기 위해 가해야 할 열량은 몇 kcal인가? 얼음의 비열은 0.5 kcal/kgK이다.

[4] 밀폐된 용기에 30°C 공기 10 kg이 들어있다. 외부로부터 가열하여 100°C까지 온도를 상승시키면 내부에너지의 증가는 얼마인가? 단, 공기의 정적 비열은 0.73 kJ/kgK이다.

[5] 입구상태가 $p_1 = 10$ ata, $v_1 = 0.01\ m^3/kg$, $u_1 = 40$ kcal/kg, $w_1 = 20$ m/s이고 출구상태는 $p_2 = 3$ ata, $v_2 = 0.04\ m^3/kg$, $u_2 = 10$ kcal/kg, $w_2 = 30$ m/s이다. 입구와 출구의 높이 차이는 없고 정상류 조건이다. 이 과정에서 출입한 열량을 계산하라.

[6] 표준상태에 있는 공기를 일정한 온도 하에서 압력을 10 ata까지 압축시키면 비중량은 몇 배가 되는가?

[7] 체적 1 m^3, 압력 1 ata에서 체적 0.5 m^3으로 압축시키면 압축 후 기체의 압력을 계산하라. 단 등온 과정으로 압축한다.

[8] 1 atm 20°C에서 메탄가스의 체적이 10 m^3이다. 몇 kg인가? 단, 가스상수는 0.519 kJ/kgK이다.

[9] 수증기를 이상기체로 보고 가스상수와 표준상태에서 비체적을 계산하라. 수증기의 분자량 M = 18.016이다.

[10] 체적 6 m^3인 가스 저장 용기에 20°C의 산소가 1 MPa의 상태로 들어있다. 산소의 질량과 온도가 40°C로 상승했을 때의 압력을 계산하라. 단 산소의 기체상수는 260 J/kgK이다.

[11] 암모니아 가스를 이상기체로 보고 기체상수, 정압비열, 정적비열을 구하라. 단, 암모니아 가스의 분자량은 17.032, 비열비는 1.313이다.

[12] 크기가 20 m×20 m×3m인 방이 있다. 일정 압력에서 실내공기를 0°C에서 25°C로 가열할 때 필요한 열량, 내부에너지의 변화, 엔탈피의 변화를 구하라. 단, 공기의 밀도는 1.2 kg/m^3이다.

[13] 0.5 m^3의 산소 탱크의 온도와 압력은 각각 20°C, 30 ata이다. 산소를 사용 후 15°C, 5 ata가 되었다면 사용한 산소량은 몇 kg인가? 단, 산소의 기체상수는 260 J/kgK이다.

제 8 장

열전달

열역학 제1법칙과 제2법칙을 통하여 논의한 것은 온도, 압력, 부피 등 상태량의 과정의 최종 결과에 대한 것이다. 반면, 열전달은 과정이 일어나는 속도, 즉 열에너지 이동의 빠르기를 취급하는 학문이라고 할 수 있다. 이 학문은 열기관, 냉동, 냉난방, 원자력, 우주공학 등 열의 이동이나 온도 차가 생기는 모든 기기의 성능 예측 및 향상에 중요한 역할을 하고 있다.

예를 들면 보일러에서 연소가스가 가진 열에너지를 완전히 물로 전달하는 일, 방열기와 실내공기 사이의 열 이동에서 방열기 온도를 낮추면서 방열량을 올리는 일, 냉동기의 증발기와 응축기의 온도와 열원 사이의 온도 차를 최소화하는 일, 벽체나 창문, 천정을 통한 건축물의 열손실이나, 냉장고, 온수나 증기 이송용 파이프, 덕트 등의 기기나 설비에서 발생하는 열손실의 최소화 등에 열전달 관련 지식이 요구된다.

에너지 사용의 최소화 및 온실가스 배출의 최소화에도 크게 기여하는 학문이라고 할 수 있다.

1 열전달의 방식

열이 전달되는 기본 방식은 전도(傳導, conduction), 대류(對流, convection), 복사(輻射, radiation)의 세 가지가 있다. 현실에서의 열전달은 이의 세 가지의 기본 방식이 복합적으로 또는 개별적으로 이루어진다.

그림 8-1에서와 같이 겨울철 따뜻한 실내의 공기로부터 차가운 외부 공기로 열에너지가 빠져나가는 상황을 생각해 보자. 열의 이동 경로를 보면, 제일 먼저 따뜻한 실내 공기의 열에너지가 벽체의 실내 쪽 벽면으로 이동하는데, 유체(실내공기)로부터 고체(벽체)의 표면으로 열이 전달되는 대류 열전달이 일어난다. 두 번째는 벽체의 실내 측 표면으로부터 실외 측 표면으로 이동하는데, 이것이 고체를 통과하는 전도 열전달이다. 세 번째, 벽체의 외측 표면에 도달한 열에너지는 벽과 직접 접촉하고 있지 않은 나무, 땅, 맑은 하늘 등으로 열을 방사한다. 직접적으로 접촉하지 않고도 열을 방사하는 것을 열복사 또는 복사열전달이라고 한다. 그리고, 벽체와 접촉하고 있는 외부 공기로도 열을 전달(대류 열전달)한다.

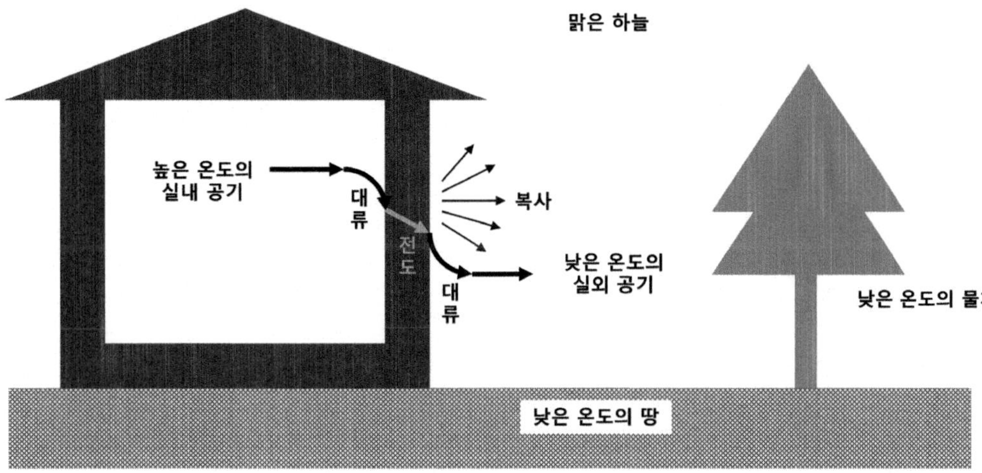

그림 8-1 열전달의 세가지 방식

2 전도 열전달

[1] 푸리에의 열전도 법칙

고체 또는 움직임이 없는 유체를 통과하여 열이 전달되는 현상을 열전도 현상이라고 한다. 전도에 의한 열전달 속도 또는 열전달률은 푸리에의 열전도 법칙(Fourier's law)에 의해서 다음과 같이 수식화된다.

$$q = -kA\frac{dT}{dx} \qquad (8\text{-}1)$$

이 수식의 의미는 온도의 기울기 즉 온도 구배(dT/dx)가 클수록, 그리고 열이 통과하는 면적(A)이 클수록 전도되는 열량(q)이 크다는 것이다. 여기서 k는 열전도계수 또는 열전도율이라고 불리는 물질의 특성값이다. 수식의 앞에 (−)가 있는 것은 온도 구배가 x방향을 따른다는 것을 의미하며, 부호에 상관없이 온도가 높은 곳으로부터 낮은 곳으로 열이 흐른다는 것만 주의하면 된다.

식(8-1)을 면적 A로 나누면 다음의 식을 얻을 수 있다.

$$q'' = \frac{q}{A} = -k\frac{dT}{dx} \tag{8-2}$$

여기서 q″는 열유속(heat flux, W/m^2)이라고 한다. 열유속은 단위 면적당 열전달량을 의미한다.

식(8-1)과 (8-2)는 푸리에의 열전도 법칙을 직교 좌표계에서 표현한 것이다. 이 식들은 육면체 형상, 예를 들어 건축물이나 냉동창고 등의 벽체를 통한 열전도 계산에 활용할 수 있다.

그림 8-2와 같이 고체 내부에서의 열 발생이 없으면 온도분포는 선형(직선)이 되고, y 방향과 z 방향의 온도 차가 없는 경우에는 x방향으로 1차원 열전도가 일어나므로 식(8-1)과 식(8-2)는 다음과 같이 다시 쓸 수 있다.

$$q = -kA\frac{T_2 - T_1}{L} \tag{8-3a}$$

$$q'' = \frac{q}{A} = -k\frac{T_2 - T_1}{L} \tag{8-3b}$$

여기서, $T_2 - T_1$은 벽면 양쪽의 온도 차, L은 벽의 두께이다.

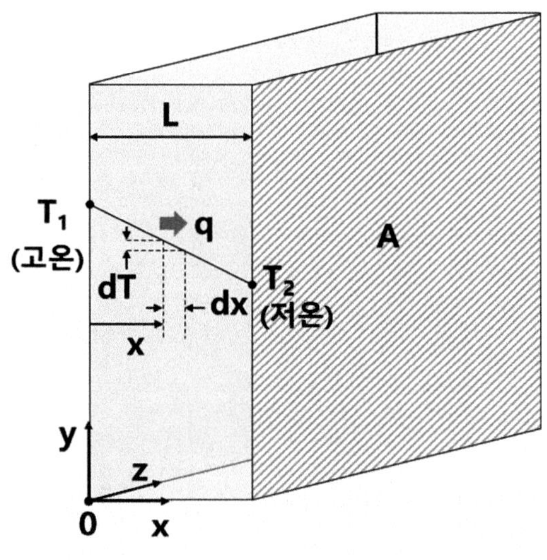

그림 8-2 벽체의 전도 열전달(직교좌표계)

[2] 열전도계수(thermal conductivity)

식(8-1)에서 열전도계수 $k = q/A\frac{dT}{dx}$ 이므로, 단위는 W/mK이다. 그리고 이값은 물질의 종류에 따라서 달라지며, 동일한 물질이라 하더라도 온도나 압력 등의 상태에 따라서 달라진다.

대체로 기체는 액체나 고체에 비해 낮은 열전도계수 값을 가진다. 표 8-1에 가장 대표적인 기체라고 할 수 있는 공기의 열전도계수를 온도에 따라 나타내었다.

표 8-2에는 포화상태의 수증기와 물의 열전도계수를 나타내었다. 물은 수증기보다

▮표 8-1▮ 공기의 열전도계수(표준대기압 조건)

온도/℃	열전도계수/W/mK	온도/℃	열전도계수/W/mK	온도/℃	열전도계수/W/mK
−50	0.020416	10	0.025121	70	0.029518
−40	0.021225	20	0.025874	80	0.030225
−30	0.022023	30	0.026618	90	0.030926
−20	0.022812	40	0.027354	100	0.031620
−10	0.023591	50	0.028083	110	0.032308
0	0.024360	60	0.028804	120	0.032990

▮표 8-2▮ 포화 상태의 물과 수증기의 열전도계수

온도/℃	열전도계수 (물)/W/mK	열전도계수 (수증기)/W/mK	온도/℃	열전도계수 (물)/W/mK	열전도계수 (수증기)/W/mK
0.02	0.55562	0.01676	80	0.66697	0.02272
10	0.57871	0.01741	90	0.67277	0.02362
20	0.59795	0.01809	100	0.67721	0.02457
30	0.61434	0.01879	110	0.68035	0.02558
40	0.62844	0.01951	120	0.68224	0.02665
50	0.64057	0.02026	130	0.68295	0.02780
60	0.65096	0.02104	140	0.68253	0.02902
70	0.65972	0.02186	150	0.68102	0.03032

20~30배 큰 열전도계수를 가진다. 그리고, 건축재료, 일반금속, 단열재 등 대표적인 고체 물질의 열전도계수는 표 8-3에 나타내었다.

┃표 8-3┃ 일반 재료의 열전도계수

<table>
<tr><th colspan="2">재료</th><th>열전도계수/W/mK</th><th>비고</th></tr>
<tr><td rowspan="10">금속</td><td>금</td><td>301</td><td></td></tr>
<tr><td>은</td><td>419</td><td></td></tr>
<tr><td>동</td><td>385</td><td></td></tr>
<tr><td rowspan="3">황동</td><td>159</td><td>아연15%</td></tr>
<tr><td>140</td><td>아연20%</td></tr>
<tr><td>120</td><td>아연30%</td></tr>
<tr><td>알루미늄</td><td>210</td><td></td></tr>
<tr><td>철</td><td>76.2</td><td></td></tr>
<tr><td>스테인리스강</td><td>16.2</td><td>SUS304</td></tr>
<tr><td rowspan="12">일반재료</td><td>대리석</td><td>1.3~2.9</td><td></td></tr>
<tr><td>화강암</td><td>1.2~4.2</td><td></td></tr>
<tr><td rowspan="3">콘크리트 (Autoclaved Aerated Concrete)</td><td>0.16</td><td>밀도 500kg/m^3</td></tr>
<tr><td>0.30</td><td>밀도 1000kg/m^3</td></tr>
<tr><td>1.28</td><td>밀도 2100kg/m^3</td></tr>
<tr><td>몰탈</td><td>0.66</td><td></td></tr>
<tr><td>아스팔트루핑</td><td>0.09</td><td></td></tr>
<tr><td>석고보드</td><td>0.098</td><td></td></tr>
<tr><td>타일</td><td>0.76</td><td></td></tr>
<tr><td>판유리</td><td>0.68</td><td></td></tr>
<tr><td>합판</td><td>0.13</td><td></td></tr>
<tr><td>얼음</td><td>1.9</td><td></td></tr>
<tr><td rowspan="4">단열재</td><td>석면판</td><td>0.053</td><td></td></tr>
<tr><td>연질섬유판</td><td>0.052</td><td></td></tr>
<tr><td>유리면</td><td>0.036</td><td></td></tr>
<tr><td>양모</td><td>0.038</td><td></td></tr>
</table>

예제 8-1 열전도(평판)

실내 쪽 벽면 온도 25℃, 실외 쪽 벽면 온도 0℃이다. 벽의 높이와 폭이 각각 3 m, 10 m이고 두께가 30 cm인 콘크리트 벽을 통하여 외부로 빠져나가는 열유속과 열량은 얼마인가? 단 콘크리트의 열전도계수는 0.3 W/mK이다.

풀이 열전도 문제이므로 식(8-3)을 이용한다.
벽면의 면적은 벽체의 높이와 폭을 곱하여 구한다. 따라서, $A = 30\ m^2$이다. 문제에서 주어진 조건과 면적을 이용하면 벽을 통한 열전달량을 다음과 같이 구할 수 있다.

$$q = -kA\frac{T_2 - T_1}{L} = -0.3W/mK \cdot 30m^2 \cdot \frac{(0-25)K}{0.3m} = 750W$$

$$q = -kA\frac{T_2 - T_1}{L} = -0.3W/mK \cdot \frac{(0-25)K}{0.3m} = 25W/m^2$$

[3] 열저항

옴의 법칙을 이용하여 전류량을 계산하는 식은 다음과 같다.

$$i = \frac{\Delta V}{R_e} \tag{8-4}$$

여기서, i는 전하의 흐름, 즉 전류, ΔV는 전위차, R_e는 전기저항이다. ΔV는 전하 흐름의 원동력이고, R_e는 전하의 흐름을 방해하는 요인이다.

열전달에 전기공학 분야에서 사용하는 옴의 법칙과 유사한 개념을 도입하여 다음의 식을 정의한다.

$$q = \frac{\Delta T}{R_{th}} \tag{8-5}$$

여기서, q는 열의 흐름, 즉 열전달량, ΔT는 온도차, R_{th}는 열저항이다. ΔT는 열 흐름의 원동력이고, R_{th}는 열전달, 즉 열의 이동을 방해하는 요인이 된다.

식(8-5)와 전도 열전달을 설명하는 식(8-3a)를 비교하면, 전도 열전달에서의 열저항은 다음과 같다.

$$R_{th,cond} = \frac{L}{kA} \tag{8-6}$$

[4] 다층 평면 판의 열전도

그림 8-3은 여러 가지 종류의 평판으로 구성된 평면 판에서의 전도 열전달을 보여주고 있다. 그런데, 각 열전달량은,

$$q_{1,2} = -k_1 A \frac{T_2 - T_1}{L_1}, \ q_{2,3} = -k_1 A \frac{T_3 - T_2}{L_2}, \cdot \cdot$$

$$\cdot \cdot, \ q_{n,n+1} = -k_n A \frac{T_{n+1} - T_n}{L_n} \tag{8-7}$$

각 층의 온도가 변하지 않고 있다(정상상태)면, 각 층으로 들어오는 열전달량과 빠져나가는 열전달량은 같다. 따라서 열전달량은 모두 동일하다. 즉,

$$q_{1,2} = q_{2,3} = \cdot \cdot \cdot = q_{n,n+1} = q \tag{8-8}$$

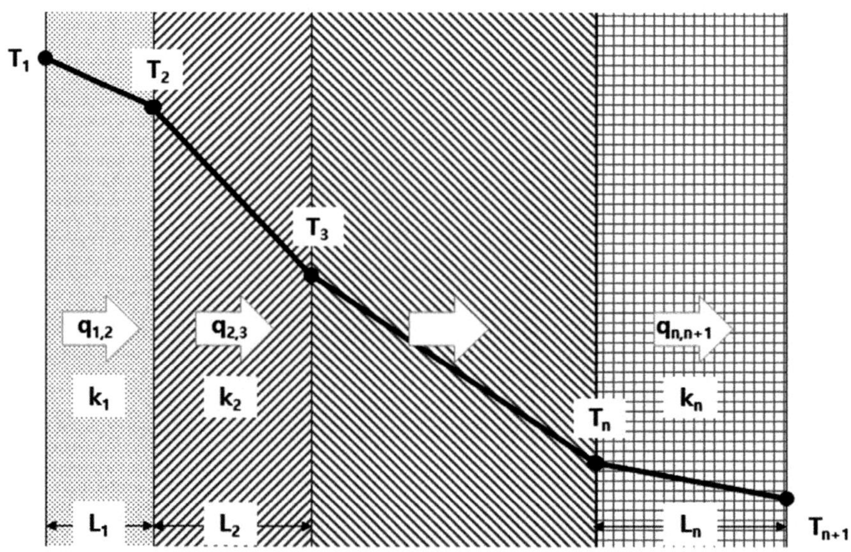

그림 8-3 다층 평면 판의 전도 열전달

이다. 여기서, 모든 열량은 q이므로, 이 식들을 다음과 같이 쓸수 있다.

$$T_1 - T_2 = q\frac{L_1}{k_1 A}$$

$$T_2 - T_3 = q\frac{L_2}{k_2 A}$$

$$T_3 - T_4 = q\frac{L_3}{k_3 A}$$

$$\cdot$$

$$\cdot$$

$$T_{n-1} - T_n = q\frac{L_{n-1}}{k_{n-1} A}$$

$$T_n - T_{n+1} = q\frac{L_n}{k_n A}$$

앞의 식을 모두 더하면

$$(T_1 - T_2) + (T_2 - T_3) + (T_3 - T_4) + \cdot\cdot + (T_{n-1} - T_n) + (T_n - T_{n+1})$$
$$= q\frac{L_1}{k_1 A} + q\frac{L_2}{k_2 A} + q\frac{L_3}{k_3 A} + \cdot\cdot + q\frac{L_{n-1}}{k_{n-1} A} + q\frac{L_n}{k_n A} \quad (8\text{-}9)$$

식(8-9) 우변의 $\frac{L_1}{k_1 A}$, $\frac{L_2}{k_2 A}$, $\frac{L_3}{k_3 A}$ $\cdot\cdot$ $\frac{L_{n-1}}{k_{n-1} A}$, $\frac{L_n}{k_n A}$는 각 층의 열저항이므로 다음과 같이 정리할 수 있다.

$$(T_1 - T_2) + (T_2 - T_3) + (T_3 - T_4) + \cdot\cdot + (T_{n-1} - T_n) + (T_n - T_{n+1})$$
$$= q \cdot R_{th,1} + q \cdot R_{th,2} + q \cdot R_{th,3} + \cdot\cdot + q \cdot R_{th,n-1} + q \cdot R_{th,n} \quad (8\text{-}10)$$

여기서,

$$R_{th,1} = \frac{L_1}{k_1 A}, \cdot\cdot, R_{th,n} = \frac{L_n}{k_n A} \quad (8\text{-}11)$$

식(8-11)은 각각의 평판, 즉 각 층의 전도 열저항을 의미한다.

식(8-10)의 좌변은 T_1과 T_{n+1}만 남고 모두 소거되므로 다음과 같이 정리할 수 있다.

$$T_1 - T_{n+1} = q(R_{th,1} + R_{th,2} + R_{th,3} + \cdot\cdot\cdot + R_{th,n-1} + R_{th,n}) \qquad (8\text{-}12)$$

식(8-12) 우변의 괄호 안의 항은 각 층의 열저항을 더한 값으로써, 다층 평판 전체의 열저항 R_{th}이다. 식으로 쓰면 다음과 같다.

$$R_{th} = R_{th,1} + R_{th,2} + R_{th,3} + \cdot\cdot\cdot + R_{th,n-1} + R_{th,n} \qquad (8\text{-}13)$$

식(8-12)에 (8-13)을 대입하면, $T_1 - T_{n+1} = qR_{th}$이고, q에 대해서 쓰면 다음과 같다.

$$q = \frac{T_1 - T_{n+1}}{R_{th}} \qquad (8\text{-}14a)$$

이 식을 면적으로 나누면 열유속을 구할 수 있다.

$$q'' = \frac{q}{A} = \frac{T_1 - T_{n+1}}{A \cdot R_{th}} \qquad (8\text{-}14b)$$

여기서, 열저항 R_{th}와 AR_{th}는 다음과 같다.

$$R_{th} = R_{th,1} + R_{th,2+} \cdot\cdot\cdot + R_{th,n} = \frac{L_1}{k_1 A} + \frac{L_2}{k_2 A} + \cdot\cdot\cdot + \frac{L_n}{k_n A} \qquad (8\text{-}15a)$$

$$AR_{th} = AR_{th,1} + AR_{th,2+} \cdot\cdot\cdot + AR_{th,n} = \frac{L_1}{k_1} + \frac{L_2}{k_2} + \cdot\cdot\cdot + \frac{L_n}{k_n} \qquad (8\text{-}15b)$$

열관류율 U를 도입하면 벽체를 통과하는 열전달량을 대류 열전달의 수식과 유사하게 쓸 수 있다. 열관류율 U를 이용하면 식(8-15a)와 (8-15b)는 다음과 같이 쓸 수 있다.

$$q = UA(T_1 - T_{n+1}) \qquad (8\text{-}16a)$$

$$q'' = U(T_1 - T_{n+1}) \qquad (8\text{-}16b)$$

식(8-16)과 식(8-14), 식(8-15)를 비교하여 정리하며 다음과 같다.

$$UA = \frac{1}{R_{th}} = \frac{1}{R_{th,1} + R_{th,2+} \cdot \cdot + R_{th,n}}$$

$$= \frac{1}{\frac{L_1}{k_1 A} + \frac{L_2}{k_2 A} + \cdot \cdot \cdot + \frac{L_n}{k_n A}} \qquad (8\text{-}17a)$$

$$U = \frac{1}{AR_{th}} = \frac{1}{AR_{th,1} + AR_{th,2+} \cdot \cdot + AR_{th,n}}$$

$$= \frac{1}{\frac{L_1}{k_1} + \frac{L_2}{k_2} + \cdot \cdot \cdot + \frac{L_n}{k_n}} \qquad (8\text{-}17b)$$

식(8-15)와 식(8-17)의 열저항과 열관류율은 벽을 이루는 각층의 두께(L_1, L_2, ⋯, L_n)와 열전도계수(k_1, k_2, ⋯, k_n), 그리고 벽의 면적 A를 알면 구할 수 있다. 이 값들을 이용하면, 다층 구조 벽의 중간 온도를 알 필요 없이, 벽의 양쪽 온도만으로도 벽을 통과하는 열량을 계산할 수 있다.

예제 8-2 열전도(다층 평판)

그림 8-4와 같은 다층 벽이 있다. 실내 쪽 벽면 온도 25℃, 실외 쪽 벽면 온도 0℃이다. 이 벽의 열관류율과 벽을 통과하는 열유속을 구하라.

풀이 다층 구조 벽면의 전도 열전달의 열유속(heat flux) 문제이므로 식(8-14b)와 식(8-15b)을 이용한다.

먼저, 식(8-15b)를 이용하여 열저항과 면적의 곱을 먼저 구한다.

$$AR_{th} = \frac{0.01\mathrm{m}}{1.3\mathrm{W/mK}} + \frac{0.02\mathrm{m}}{0.098\mathrm{W/mK}} + \frac{0.05\mathrm{m}}{0.3\mathrm{W/mK}} + \frac{0.03\mathrm{m}}{0.053\mathrm{W/mK}}$$

$$= 0.944478\mathrm{m^2K/W}$$

식(8-14b)를 이용하여 열유속을 구한다. 이 식의 T_1과 T_{n+1}은 벽의 양쪽 면의 온도이므로, T_1 대신 실내 쪽 벽면 온도 25℃, T_{n+1}에는 실외 쪽 벽면 온도 0℃를 대입한다.

$$q'' = \frac{(25℃ - 0℃)}{AR_{th}} = \frac{25\mathrm{K}}{0.944478\mathrm{m^2K/W}} = 26.47\mathrm{W/m^2}$$

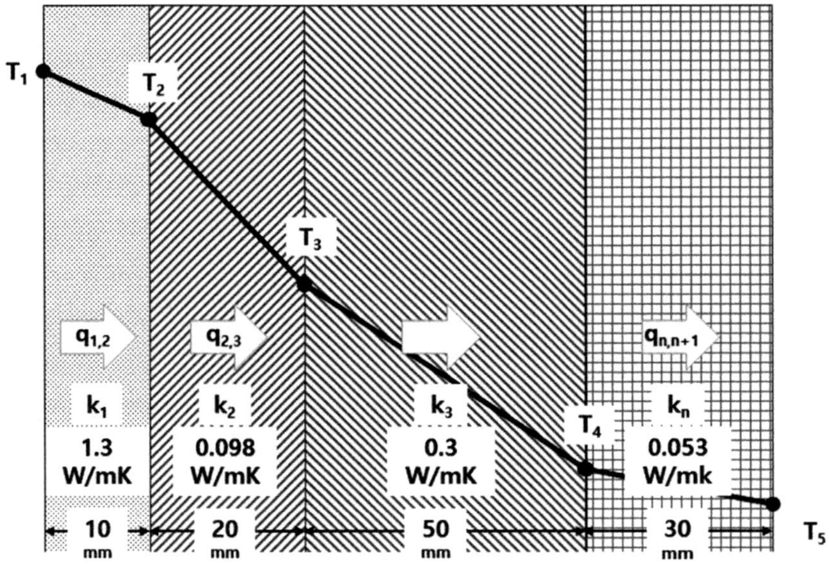

그림 8-4 다층 평면 판에서의 전도 열전달(예제 8–2)

[5] 배관 등 원통 형상에서의 열전도

그림 8-5에 파이프 같은 원통 형상에서 일어나는 열전달을 나타내었다. 식(8-1), (8-2)에서 면적 A는 일정한 값이다. 그러나 그림 8-4와 같은 원통 형상의 파이프는 중심으로부터 멀어질수록 면적은 반지름에 비례하여 커진다. 이를 반영하여 식(8-1)을 다시 쓰면 다음과 같다.

$$q = -kA\frac{dT}{dr} = -k(2\pi rL)\frac{dT}{dr} \tag{8-18}$$

여기서 r은 중심으로부터의 거리, L은 파이프의 길이다. r_i는 파이프의 내부 반지름, r_o는 외부 반지름이다. $r_o - r_i$는 파이프의 두께이다.

식(8-18)을 적분하면 중심으로부터 특정 위치까지의 반지름(r)과 온도의 관계식을 얻을 수 있으며 다음과 같다.

$$T = -\frac{q}{2\pi L \cdot k}\ln(r) + C \tag{8-19}$$

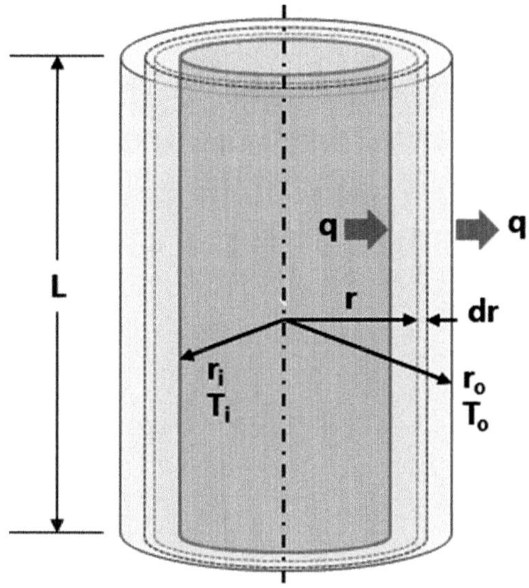

그림 8-5 원관 벽을 통한 열전도(원통좌표계)

여기서 C는 적분상수로써, 경계 조건 즉 파이프의 안쪽 면($r = r_i$)의 온도가 T_i라는 조건이나, 파이프의 바깥쪽 면($r = r_o$)의 온도가 T_o라는 등의 경계면에서의 조건, 즉 경계 조건을 이용하여 구할 수 있다. 경계 조건 적용 결과를 열량 q에 대해 정리하면 다음과 같다.

$$q = -\frac{2\pi L \cdot k \cdot (T_o - T_i)}{\ln(r_o/r_i)} \tag{8-20}$$

여기서, L은 배관의 길이이다. 이 식을 열저항을 이용한 식(8-14a)의 형식으로 다시 쓰면,

$$q = \frac{T_i - T_o}{R_{th}} \tag{8-21a}$$

여기서,

$$R_{th} = \frac{\ln(r_o/r_i)}{2\pi L k} \tag{8-21b}$$

식(8-21b)는 단층 원통 구조의 전도 열저항을 나타내는 식이다.

예제 8-3 열전도(원통)

스테인리스 강관의 내부에는 뜨거운 물이 흐르고 있고. 파이프는 대기에 노출되어 있다. 파이프 안쪽 면과 바깥쪽 면의 온도가 각각 55℃, 10℃이다. 파이프의 바깥지름은 60.5 mm이고, 두께는 1.5 mm이다. 배관의 길이가 50m일 때, 배관을 빠져나가는 열량을 계산하라. 단 스테인리스강의 열전도계수는 표 8-3을 참고하라.

풀이 원통 형상을 가진 파이프의 열전도 문제이므로 (8-21b)와 식(8-21a)를 이용한다. 이 식에 적용할 내, 외측 반지름을 먼저 구한다.

$$r_o = 60.5mm/2 = 30.25mm = 0.03025m$$

$$r_i = r_o - t = 0.03025m - 0.0015m = 0.02875m$$

$$R_{th} = \frac{\ln(r_0/r_i)}{2\pi Lk} = \frac{\ln(0.03025m/0.02875m)}{2\pi \cdot 50m \cdot 16.2W/mK} = 9.993 \times 10^{-6}K/W$$

$$q = \frac{T_i - T_o}{R_{th}} = \frac{(55-10)K}{9.993 \times 10^{-6}K/W} = 4503130.8W$$

[6] 다층 원통 형상에서의 열전도

다층 원통 형상에서도 R_{th}를 알면 식(8-21a)를 이용하여 열전달량을 알 수 있다. 그리고, 다층 원통 형상에서도 각 층의 열저항을 더하면 다층 구조의 열저항을 구할 수 있다.

$$\begin{aligned} R_{th} &= R_{th,1} + R_{th,2+} \cdot \cdot + R_{th,n} \\ &= \frac{\ln(r_2/r_1)}{2\pi Lk_1} + \frac{\ln(r_3/r_2)}{2\pi Lk_2} + \cdot \cdot \cdot + \frac{\ln(r_n/r_{n-1})}{2\pi Lk_{n-1}} + \frac{\ln(r_{n+1}/r_n)}{2\pi Lk_n} \end{aligned} \quad (8\text{-}22)$$

예제 8-4 열전도(다층 원통)

예제 8-3의 스테인리스 강관을 10 mm 두께의 보온재(열전도율 0.045 W/mK)로 감쌀 경우의 배관을 통한 열손실을 구하라. 파이프 안쪽 면 온도는 55℃, 보온재의 바깥면 온도는 10℃이다.

풀이 이 문제는 2개의 층이 있는 다층 원통 열전도 문제이다. 다층 원통의 열전도 문제이므로 식(8-22)와 식(8-21a)를 이용하여 계산한다.

다층 원통의 첫 번째 층은 스테인리스 강관이고, 두 번째 층은 단열재이다. 파이프의 바깥지름에 단열재의 두께를 더하여 단열재까지의 반지름을 구한다.

$$r_{insul} = r_o + t_{insul} = 0.03025m + 0.01m = 0.04025m$$

식(8-22)을 이용하여 열저항을 구한다.

$$R_{th} = R_{th,pipe} + R_{insul} = \frac{\ln(r_o/r_i)}{2\pi \cdot L \cdot k_{pipe}} + \frac{\ln(r_{insul}/r_o)}{2\pi \cdot L \cdot k_{insul}}$$

$$= \frac{\ln(0.03025m/0.02875m)}{2\pi \cdot 50m \cdot 16.2W/mK} + \frac{\ln(0.04025m/0.03025m)}{2\pi \cdot 50m \cdot 0.045W/mK}$$

$$= 9.99305 \times 10^{-6}K/W + 0.020203K/W = 0.020213K/W$$

전도 열전달량, 즉 배관을 통한 열손실은 식(8-21a)를 이용하여 구한다.

$$q = \frac{T_1 - T_{n+1}}{R_{th}} = \frac{(55-10)K}{0.020213K/W} = 2226.3W$$

3 대류 열전달

앞에서 유체와 고체 표면 사이의 열전달을 대류 열전달이라고 설명하였다. 이는 직관적 이해를 돕기 위한 것이었다. 그러나, 차가운 바다 위를 따뜻한 바람이 지나간다면 공기와 바닷물 사이에서도 온도 차에 의한 열전달이 일어난다. 이 또한 대류 열전달이다. 대류와 전도의 차이는 유체 유동의 존재 여부이다. 그림 8-2처럼 유동이 없는 상태의 열전달은 전도 열전달이고, 그림 8-6과 같이 유동과 함께 일어나는 열전달이 대류 열전달이다.

대류 열전달 현상은 일상생활에서 흔히 볼 수 있다. 예를 들어 라디에이터에서 방안으로 열이 전달되거나, 냄비에 물을 끓일 때 물이 데워지는 과정에서도 볼 수 있다.

[1] 자연대류와 강제대류

대류 열전달은 자연 대류와 강제 대류의 두 가지 기본 방식으로 분류될 수 있다. 자연 대류는 유체 내의 온도 차이에 의해서만 유체 운동이 유도될 때 발생한다. 공기가

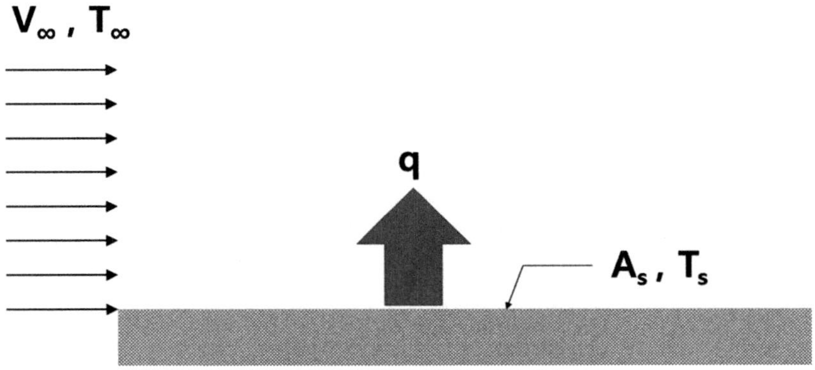

그림 8-6 대류 열전달

가열된 표면을 만나면 데워져 위로 상승하거나 가스렌지 위의 냄비에서 물이 순환하는 등 일상생활에서 흔히 관찰된다.

유체가 가열되거나 냉각되면 주변의 유체와 밀도 차이가 생기게 되는데, 밀도가 높은 유체에 의해 밀도가 낮은 유체가 밀려나면서 유동이 시작된다. 중력과 밀도차에 의해 생성된 유동에 의한 대류를 자연대류(natural convection) 또는 자유대류(free convection)라고 한다. 따라서, 중력이 없으면 자연대류는 일어나지 않는다.

가열 또는 냉각 물체의 모양과 위치, 방향은 자연대류의 강도와 방향에 큰 영향을 미친다. 예를 들어 냄비의 아래쪽을 가열하면 활발한 자연대류가 일어나지만, 위쪽을 가열한다면, 자연대류는 일어나지 않고 전도에 의한 열전달만 일어날 것이다.

반면 강제 대류는 유체 운동을 유도하기 위해 외부 메커니즘(예: 팬, 펌프 또는 기계적 교반)이 있는 경우이다. 이러한 대류 방식은 열전달 속도에 대한 정확한 제어가 필요한 공학 분야에서 일반적으로 사용된다.

[2] 뉴턴의 냉각 법칙

대류 열전달을 설명하는 수식은 뉴턴의 냉각 법칙(Newton's law of cooling)을 기반으로 한다. 이 법칙에 따르면, 열전달률은 표면과 유체 사이의 온도 차와 열이 전달되는 면적에 비례한다. 수식으로 표현하면 다음과 같다.

$$q = hA(T_s - T_\infty) \tag{8-23}$$

여기서 q는 열전달률이고, 단위는 W를 사용한다. h는 대류 열전달계수, A는 열전달 면적, T_s는 표면 온도, T_∞는 유체 온도를 의미한다.

대류 열전달계수는 단순히 열전달계수 또는 열전달률이라고도 부르며, 단위는 W/m^2K로써 열전도계수와 다르다.

[3] 대류 열전달계수

열전도계수는 물질의 특성 즉 물질의 종류에 따라 정해지는 값이지만, 열전달계수는 물질의 특성이 아니다. 물론 물질의 특성에 영향을 받지만, 물질의 특성만으로 결정되는 값이 아님에 주의해야 한다.

열전달계수에 영향을 주는 인자들은 유체의 열전도계수, 유체의 밀도, 비열, 점성계수, 표면의 형상, 유속 등이다.

실험을 통하여 열전달계수와 앞서 언급된 인자들과의 관계식을 도출하고, 인자들의 값을 대입하여 사용한다.

[4] 대류 열전달의 열저항

대류열전달을 설명하는 수식(8-23)을 식(8-5)와 같이 열전달량 = 온도차/열저항의 형식으로 변경해 보자.

$$q = hA(T_s - T_\infty) = \frac{T_s - T_\infty}{\frac{1}{hA}} \tag{8-24}$$

식(8-5)와 식(8-24)을 비교하면, 대류열전달의 열저항은 다음과 같다.

$$R_{th,conv} = \frac{1}{hA} \tag{8-25}$$

4 열관류 또는 열통과

예제 8-2와 예제 8-4는 다층 구조를 가진 평판과 다층 구조의 원통에서 일어나는 전도 열전달에 대한 연습을 위한 것이었다. 실제의 문제는 평판이나 원통 표면의 온도가 주어지는 것이 아니라 평판의 양쪽에 있는 유체의 온도가 주어지거나 원통형 파이프 내부와 외부에 있는 유체의 온도가 주어진다.

실내 공기로부터 다층 구조의 벽을 지나서 실외의 공기로 통과하는 열량을 계산하는 문제를 해결하는 데에도, 배관 내부의 뜨거운 물로부터 대기로 빠져나가는 열량을 계산하는 문제에도 식(8-14)를 사용한다.

$$q = \frac{T_1 - T_{n+1}}{R_{th}} \tag{8-14a}$$

$$q'' = \frac{T_1 - T_{n+1}}{AR_{th}} \tag{8-14b}$$

다만, 열저항 R_{th}를 계산할 때 벽면 안쪽과 바깥쪽의 대류 열전달에 의한 열저항 효과를 반영하고, 온도는 양쪽의 유체 온도를 적용한다.

[1] 다층 구조 평판의 열 통과

(1) 열저항

다층 구조 평판의 열저항은 식(8-15)와 유사하며, 대류에 의한 열저항을 식(8-15)에 반영하면 된다.

$$R_{th} = \frac{1}{h_iA} + \frac{L_1}{k_1A} + \frac{L_2}{k_2A} + \frac{L_3}{k_3A} + \cdot\cdot\cdot + \frac{L_{n-1}}{k_{n-1}A} + \frac{L_n}{k_nA} + \frac{1}{h_oA} \tag{8-26a}$$

$$AR_{th} = \frac{1}{h_i} + \frac{L_1}{k_1} + \frac{L_2}{k_2} + \frac{L_3}{k_3} + \cdot\cdot\cdot + \frac{L_{n-1}}{k_{n-1}} + \frac{L_n}{k_n} + \frac{1}{h_o} \tag{8-26b}$$

위 두 식의 우변 첫째항과 마지막 항이 대류 열저항이다. 이 값을 이용한 열량 계산은 다음과 같다.

$$q = \frac{T_i - T_o}{R_{th}} \tag{8-27a}$$

$$q'' = \frac{T_i - T_o}{AR_{th}} \tag{8-27b}$$

여기서, T_i와 T_o 다층 구조 평판 양쪽의 유체 온도이다.

(2) 열관류율

열관류율은 열저항에 면적 A를 곱하고 역수를 취하면 된다.

$$U = \frac{1}{AR_{th}} = \frac{1}{\frac{1}{h_i} + \frac{L_1}{k_1} + \frac{L_2}{k_2} + \frac{L_3}{k_3} + \cdots + \frac{L_{n-1}}{k_{n-1}} + \frac{L_n}{k_n} + \frac{1}{h_o}} \tag{8-28}$$

이 값을 이용한 열량 계산은 다음과 같다.

$$q = UA(T_i - T_o) \tag{8-29a}$$

$$q'' = U(T_i - T_o) \tag{8-29b}$$

[2] 다층 구조 원통의 열관류율

(1) 열저항

다층 구조 원통의 열저항은 식(8-22)와 유사하고, 이 식에 대류에 의한 효과를 반영하면 된다.

$$R_{th} = \frac{1}{2\pi r_1 L h_i} + \frac{\ln(r_2/r_1)}{2\pi L k_1} + \frac{\ln(r_3/r_2)}{2\pi L k_2} + \frac{\ln(r_4/r_3)}{2\pi L k_3} + \cdots$$

$$\cdots + \frac{\ln(r_n/r_{n-1})}{2\pi L k_{n-1}} + \frac{\ln(r_{n+1}/r_n)}{2\pi L k_n} + \frac{1}{2\pi r_{n+1} L h_o} \tag{8-30}$$

위 식의 우변 첫째항과 마지막 항이 대류 열저항이다. 이 값을 이용한 열량 계산은 다음과 같다.

$$q = \frac{T_i - T_o}{R_{th}} \tag{8-31}$$

여기서, T_i는 파이프 내부 유체의 온도, T_o는 파이프 외부 유체의 온도이다.

(2) 열관류율

다층 구조 평판의 열관류율은 열저항에 면적 A를 곱하여 역수를 취하면 구할 수 있다. 그러나, 원통 구조에서는 각 층마다 면적이 다르므로, 임의의 층의 면적을 이용하여 열관류율을 구하고, 열관류율을 구하는데 사용된 면적을 별도로 명시하여야 한다. 주로 가장 안쪽의 면적이나, 가장 바깥쪽의 면적을 사용한다.

내측 면적 기준 열관류율

$$U_i = \frac{1}{A_i R_{th}}$$

$$= \frac{1}{\frac{1}{h_i} + \frac{r_1 \ln(r_2/r_1)}{k_1} + \frac{r_1 \ln(r_3/r_2)}{k_2} + \cdot\cdot\cdot + \frac{r_1 \ln(r_{n+1}/r_n)}{k_n} + \frac{r_1}{r_{n+1} h_o}} \tag{8-32}$$

식(8-32)를 이용한 열량 계산은 다음과 같이 한다.

$$q = U_i A_i (T_i - T_o) \tag{8-33a}$$

$$q_i'' = \frac{q}{A_i} = U_i (T_i - T_o) \tag{8-33b}$$

여기서 q_i''는 내측 면적 기준의 열유속(heat flux)이다.

외측 면적 기준 열관류율

$$U_o = \frac{1}{A_o R_{th}}$$

$$= \frac{1}{\frac{r_{n+1}}{r_1 h_i} + \frac{r_{n+1}\ln(r_2/r_1)}{k_1} + \cdot\cdot\cdot + \frac{r_{n+1}\ln(r_{n+1}/r_n)}{k_n} + \frac{1}{h_o}} \quad (8\text{-}34)$$

식(8-34)를 이용한 열량 계산은 다음과 같이 한다.

$$q = U_o A_o (T_i - T_o) \quad (8\text{-}35a)$$

$$q_o'' = \frac{q}{A_o} = U_o (T_i - T_o) \quad (8\text{-}35b)$$

여기서 q_o''는 외측 면적 기준의 열유속(heat flux)이다.

식(8-33a)와 식(8-35a)의 두 값은 동일하며, 다음과 같은 관계가 있다.

$$U_i A_i = U_o A_o = \frac{1}{R_{th}} \quad (8\text{-}36)$$

예제 8-5 열관류(평판)

예제 8-2와 동일한 구조의 벽이 있다. 실내 온도 25℃, 실외 온도 0℃이다. 실내 공기와 실내 측 벽면 사이의 대류 열전달계수가 5 W/m^{2}K, 실외 공기와 실외 측 벽면 사이의 대류 열전달계수가 10 W/m^{2}K이다. 이 벽의 열관류율과 벽을 통과하는 열유속을 구하라.

풀이 식(8-28)을 이용하여 다층 구조 평판의 열관류율을 구한다.

$$U = \frac{1}{A R_{th}}$$

$$= \frac{1}{\frac{1}{5W/m^2K} + \frac{0.01m}{1.3W/mK} + \frac{0.02m}{0.098W/mK} + \frac{0.05m}{0.3W/mK} + \frac{0.03m}{0.053W/mK} + \frac{1}{10W/m^2K}}$$

$$= 0.80355 W/m^2K$$

열유속은 식(8-29b)에 U와 양쪽 공기의 온도 차를 적용하여 구한다.

$$q'' = U(T_i - T_o) = 0.80355W/m^2K \cdot 25K = 20.09W/m^2K$$

예제 8-6 열관류(원통)

예제 8-4와 같은 파이프와 단열재 조건에서 배관을 통한 열손실을 구하라. 온수의 온도는 55℃, 보온재 주변의 공기 온도는 10℃이다. 파이프 내부의 온수와 벽면 사이의 대류 열전달계수는 30 W/m²K, 단열재와 외부 공기 사이의 대류 열전달계수는 10 W/m²K이다.

풀이 대류와 전도가 포함된 다층 원통의 열관류 문제이므로 식(8-30)과 식(8-31)을 이용하여 계산한다.

식(8-30)을 이용하여 열저항을 구한다.

$$R_{th} = \frac{1}{2\pi r_i L h_i} + \frac{\ln(r_o/r_i)}{2\pi L k_{pipe}} + \frac{\ln(r_{insul}/r_o)}{2\pi L k_{insul}} + \frac{1}{2\pi r_{insul} L h_o} =$$

$$= \frac{1}{2\pi \cdot 0.02875m \cdot 50m \cdot 30W/m^2K} + \frac{\ln(0.03025m/0.02875m)}{2\pi \cdot 50m \cdot 16.2W/mK}$$

$$+ \frac{\ln(0.04025m/0.03025m)}{2\pi \cdot 50m \cdot 0.045W/mK} + \frac{1}{2\pi \cdot 0.04025m \cdot 50m \cdot 10W/m^2K}$$

$$= 0.003691K/W + 9.99305 \times 10^{-6}K/W + 0.020203K/W + 0.007908K/W$$

$$= 0.03181K/W$$

배관을 통한 열손실은 식(8-31)을 이용하여 구한다.

$$q = \frac{T_1 - T_{n+1}}{R_{th}} = \frac{(55-10)K}{0.03181K/W} = 1414.6W$$

5 복사 열전달

[1] 복사의 개요

모든 물체는 그 온도에 맞는 에너지를 전자기파의 형태로 방출하고 있다. 전자기파는 우주 공간 같은 완전한 진공 속에서도 전파된다. 이러한 열에너지 전달 형식을 열복사(thermal radiation)라고 한다. 열복사는 적외선, 가시광선 및 자외선 등 광범위한 파장을 포함하며, 열복사의 스펙트럼은 물체의 온도에 따라 달라진다.

[2] 흑체 복사와 스테판–볼쯔만 법칙

흑체는 외부에서 들어오는 모든 복사에너지를 흡수하는(즉 반사나 투과가 없기 때문에 검게 보인다고 해서 흑체) 이상적인 물체다. 또한 흑체는 완벽한 열복사 방출체이기도 하다. 흑체에서 방출되는 방사선을 흑체 복사라고 한다. 흑체 복사 스펙트럼은 실제 물체에서 방출되는 열복사를 비교할 수 있는 표준 역할을 한다.

물체 표면의 단위 면적, 단위 시간당 방사되는 에너지량을 복사능력이라 하고, 흑체의 복사능력, 즉 복사 열유속은 다음의 식과 같이 표현된다.

$$q_b'' = \sigma T^4 \tag{8-37}$$

흑체의 복사 열유속은 흑체의 온도(절대온도)의 네 제곱에 비례한다는 것이 스테판-볼츠만의 법칙(Stefan-Boltzmann law)이다. 여기서 σ는 스테판-볼쯔만 상수(Stefan-Boltzmann constant)로써 $5.67\times10^{-8}\ W/m^2K^4$이고, T는 물체의 절대온도이다.

[3] 실제 물체의 열복사

실제 물체가 방출하는 복사 열유속을 q_r''로 정의하면 q_r''과 q_b''의 비율을 복사율 또는 방사율이라고 하며, 다음과 같이 쓴다.

$$\epsilon = \frac{q_r''}{q_b''} \tag{8-38}$$

따라서 실제 물체에서 방출하는 복사에너지 또는 복사 열유속은 다음과 같다.

$$q_r'' = \epsilon q_b'' = \epsilon \sigma T^4 \tag{8-39}$$

물체를 복사선에 노출하였을 때 복사의 일부는 반사되고, 다른 일부는 흡수되고 나머지는 투과된다. 반사율(reflectiviity, ρ), 흡수율(absorptivity, α) 및 투과율(transmissivity, τ)은 각각 입사된 에너지에 대한 반사, 흡수 및 투과된 에너지의 비율이다. 따라서.

$$\rho + \alpha + \tau = 1 \tag{8-40}$$

식(8-38)의 방사율 ϵ과 식(3-40)의 흡수율 α는 동일하다. 따라서,

$$\epsilon = \alpha \tag{8-41}$$

이것을 키르히호프의 동일성(identity)이라고 한다.

[4] 실제 물체 사이의 복사 열전달

모든 물체는 그 온도와 복사율에 따라 열에너지를 방출하고 있다. 그림 8-7처럼 온도가 다른 두 표면이 있을 때, 표면 1은 자신의 온도에 맞는 에너지를 방출하고, 표면 2 또한 자신의 온도에 맞는 에너지를 방출하고 있다. 여기서, 두 표면 모두 흑체로 가정한다. 두 표면은 상대방이 방출하는 복사에너지에 노출되어 있다. 두 표면 사이의 열교환은 한 표면을 출발하여 다른 표면에 도달하는 에너지의 양을 결정하면 해결된다. 이를 위해서는 다음과 같은 복사형태계수(radiation shape factor)를 정의한다.

F_{12} : 1의 단위 표면적을 떠나서 2에 도달하는 에너지의 비율
F_{21} : 2의 단위 표면적을 떠나서 1에 도달하는 에너지의 비율

복사형태계수는 투영계수(view factor) 또는 각도계수(angle factor), 형상계수(configuration factor)라고도 불린다.

1을 떠나서 2에 도달하는 에너지는

$$q_{b1}'' A_1 F_{12} \tag{8-42a}$$

이고, 2를 떠나서 1에 도달하는 에너지는

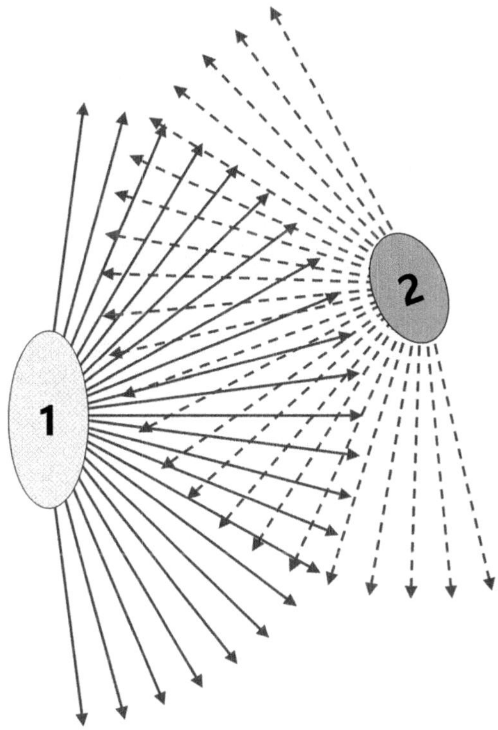

그림 8-7 두 물체 사이의 복사에너지 교환

$$q_{b2}''A_2F_{21} \tag{8-42b}$$

이다. 두 표면은 흑체이기 때문에 각 표면에 도달한 에너지를 모두 흡수한다. 따라서 순 에너지 교환은

$$q_{1-2} = q_{b1}''A_1F_{12} - q_{b2}''A_2F_{21} \tag{8-43}$$

여기서, 두 표면의 온도가 같은 경우, 둘 사이의 순 열전달이 0이 되는 상호성의 원리에 의해,

$$A_1F_{12} = A_2F_{21} \tag{8-44}$$

이고, 이 관계를 식(8-43)에 적용하면

$$q_{1-2} = A_1F_{12}(q_{b1}'' - q_{b2}'') = A_2F_{21}(q_{b1}'' - q_{b2}'') \tag{8-45}$$

식(8-45)에 식(8-37)의 관계를 적용하면 다음 식이 도출된다.

$$q_{1-2} = A_1F_{12}\sigma(T_1^4 - T_2^4) = A_2F_{21}\sigma(T_1^4 - T_2^4) \quad (8\text{-}46)$$

예제 8-7 열복사(평판)

가로, 세로의 길이가 각각 0.5 m, 1 m인 두 흑체 평판이 0.5 m 간격으로 마주 보고 있다. 각각의 온도가 1000℃, 500℃ 일 때 두 평판 사이의 순 열전달량을 구하라. 두 평판 사이의 복사형태계수(radiation shape factor)는 0.285다.

풀이 식(8-46)을 이용한다.

이 식에 대입할 온도는 절대온도다. 각 표면의 절대온도는 섭씨온도에 273.15를 더하여 구한다. 따라서 각각의 절대온도는 1273.15 K, 773.15 K이다. 면적은 0.5 m×1.0 m=0.5 m^2이다. 이 값들을 식(8-46)에 대입하여 답을 구한다.

$$\begin{aligned} q_{1-2} &= A_1F_{12}\sigma(T_1^4 - T_2^4) \\ &= 0.5\text{m}^2 \cdot 0.285 \cdot 5.67\times10^{-8}\text{W/m}^2\text{K}^4(1273.15^4 - 773.15^4)\text{K}^4 \\ &= 18341\text{W} = 18.34\text{kW} \end{aligned}$$

[5] 기체 복사

화재 발생 시 화염과 가연물 사이의 열전달은 복사와 대류의 형태로 이루어진다. 특히 화염 아래에 놓인 가연물은 주로 복사에 의해 가열된다. 따라서 기체와 표면 사이의 복사 열교환에 대한 개념이 필요하다.

기체와 표면 사이에 복사 열교환이 일어나는 경우는 표면들 사이에서 복사열이 교환되는 경우에 비해서 훨씬 복잡하다. 고체와는 달리 많은 경우에 복사선은 기체를 거의 모두 투과한다. 복사선을 흡수하거나 방출할 때는 비교적 좁은 영역의 파장만 흡수 또는 방출한다. CO_2, H_2O 및 기타 탄화수소 기체는 상당한 양의 복사열을 방출하지만, N_2, O_2 또는 다른 비극성 대칭 분자(nonpolar symmetrical molecule)의 기체는 저온에서는 거의 모든 복사열을 투과시킨다.

기체층 내에의 복사열 흡수는 그림 8-8을 이용하여 해석적으로 설명할 수 있다. 위치 x에서 복사 강도가 I(x)인 단색복사선이 두께 dx의 기체층에 들어왔다고 하자.

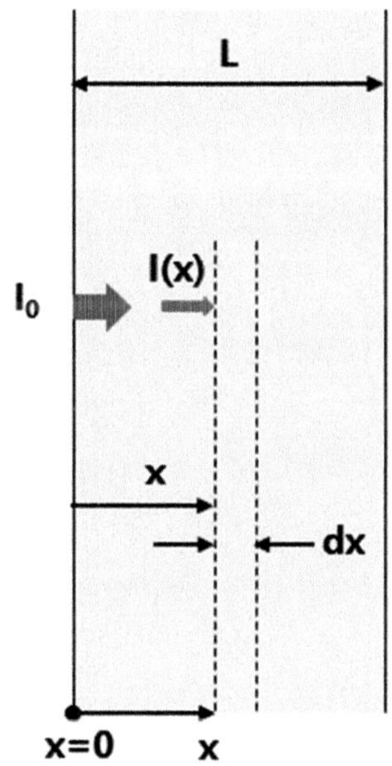

그림 8-8 기체층 내에서의 복사선의 흡수

기체층에서의 흡수로 인한 강도의 감소는 그 층의 두께와 그 위치에서의 복사 강도 I(x)에 비례한다. 그러므로

$$dI(x) = -\kappa I(x)\, dx \tag{8-47}$$

이다. 여기서 비례상수 κ를 흡수계수라 한다. 흡수계수의 단위는 m^{-1}이다. 이 식을 적분하면

$$\frac{I(x)}{I_0} = e^{-\kappa x} \tag{8-48}$$

여기서, I_0는 원점에서의 복사 강도이다. 식(8-48)은 $x=0$ 지점에서 I_0의 복사에너지가 출발하여 $x=x$ 지점에 도달하는 동안 I(x)만큼으로 줄어들었다는 뜻이다. 즉, 0~x 사이의 기체에 의해 $I_0 - I(x)$만큼 흡수되었다는 의미이다. 두께가 x인 기체층이 복사에너지를 흡수하는 비율, α는 다음과 같다.

$$\alpha = \frac{I_0 - I(x)}{I_0} = \frac{I_0 - I_0 e^{-\kappa x}}{I_0} = 1 - e^{-\kappa x}$$

따라서, 두께가 L인 기체층의 복사에너지 흡수율은 다음과 같다.

$$\alpha = 1 - e^{-\kappa L} \tag{8-49}$$

앞에서 언급한 바와 같이 흡수율과 방사율은 동일하므로, 식(8-49)는 화재공학에서 화염의 방사율로 사용한다. 여기서 L은 화염의 두께, κ는 화염의 흡수계수다.

연습문제

[1] 열전달의 기본 형식 세 가지는?

[2] 면적이 20 m^2인 벽면을 통해 50kW의 열량이 손실될 때 열유속을 구하라.

[3] 두께 20 cm의 콘크리트 벽이 있다. 실내 온도 20°C, 실외 온도 0°C일 때, 열유속과 내측 벽면의 온도를 구하라. 콘크리트는 밀도 1000 kg/m^3의 AAC 콘크리트이다. 실내 측 열전달계수는 5 W/m^2K, 실외 측 열전달계수는 10 W/m^2K이다.

[4] 문제 3번과 같은 조건에서 실내 벽면 온도를 높이기 위해 벽에 석고보드를 부착하려 한다. 실내 벽면 온도 1℃ 높이는 데 필요한 석고보드의 두께를 구하라.

[5] 화재실의 외벽면의 온도가 100℃이다. 화재실은 두께 20 cm의 벽돌벽(0.9 W/mK)으로 되어있다. 화재실 내부의 온도는 얼마인가? 실내 측 열전달계수는 20 W/m^2K, 실외측 열전달계수는 10 W/m^2K이다.

[6] 두께 30 cm의 콘크리트 벽에 두께 1.5 cm의 대리석 타일을 내장재로 마감하였다. 대리석 마감재로 인한 단열효과는 몇 %인가? 콘크리트와 대리석의 열전도계수는 각각 0.3 W/mK, 1.3 W/mK이다. 실내 측 열전달계수는 5 W/m^2K, 실외 측 열전달계수는 10 W/m^2K이다.

[7] 외경 155.58 mm, 두께 4.88 mm의 K형 동관의 내부에 60℃의 온수가 흐르고 있고, 외기의 온도는 −10℃이다. 배관 길이 1 m 당의 열손실은 구하라. 동의 열전도계수는 388 W/mK, 관내 측 열전달계수는 30 W/m^2K, 관 외측 열전달계수는 10 W/m^2K이다.

[8] 문제 7의 열손실을 95% 이상 줄이는 데 필요한 단열재의 두께를 구하라. 단열재의 열전도계수는 0.036 W/mK이다.

[9] 화염의 높이가 3 m 폭이 0.9 m, 두께가 1 m이다. 이 화염으로부터 3 m 떨어진 곳에 25℃의 물체가 있다. 화염으로부터의 복사 열유속을 구하라. 화염의 온도는 1000℃, 흡수계수는 0.8/m, 형상계수는 0.06이다.

부록

▌표 A-1▐ 건공기의 상태량

T/℃	ρ/ kg/m³	Cv/ kJ/kgK	Cp/ kJ/kgK	k / x10⁻³W/mK	μ/ x10⁻⁶Pa · s	Pr
-30	1.4533	0.7163	1.0056	22.023	15.681	0.716016
-20	1.3956	0.71646	1.0055	22.812	16.201	0.714102
-10	1.3424	0.71667	1.0056	23.591	16.714	0.712458
0	1.2931	0.71694	1.0057	24.36	17.218	0.710843
10	1.2472	0.71727	1.0059	25.121	17.716	0.709388
20	1.2046	0.71767	1.0061	25.874	18.206	0.707933
30	1.1647	0.71812	1.0065	26.618	18.689	0.706683
40	1.1274	0.71865	1.0069	27.354	19.165	0.705463
50	1.0925	0.71925	1.0074	28.083	19.635	0.704351
60	1.0596	0.71992	1.008	28.804	20.099	0.703367
70	1.0287	0.72067	1.0087	29.518	20.557	0.702481
80	0.99952	0.72149	1.0095	30.225	21.009	0.70169
90	0.97195	0.72239	1.0103	30.926	21.455	0.700898
100	0.94587	0.72338	1.0112	31.62	21.896	0.700229

▎표 A-2 ▎ 포화수의 상태량

T/ ℃	P/ atm,g	ρf/ kg/m³	ρg/ kg/m³	hf/ kJ/kg	hg/ kJ/kg	Cvf/ kJ/kgK	Cvg/ kJ/kgK	Cpf/ kJ/kgK	Cpf/ kJ/kgK	kf/x10⁻³ W/mK	kg/x10⁻³ W/mK	μf/x10⁻⁶ Pa·s	μg/x10⁻⁶ Pa·s
0.02	-0.994	999.8	0.0049	0.043	2501	4.22	1.42	4.22	1.88	556	16.8	1791	8.95
5	-0.991	999.9	0.0068	21.02	2510	4.21	1.42	4.21	1.89	568	17.1	1518	9.09
10	-0.988	999.7	0.0094	42.02	2519	4.19	1.43	4.20	1.89	579	17.4	1306	9.24
15	-0.983	999.1	0.0128	62.98	2528	4.17	1.43	4.19	1.90	589	17.7	1138	9.39
20	-0.977	998.2	0.0173	83.91	2537	4.16	1.44	4.18	1.91	598	18.1	1002	9.54
25	-0.969	997.0	0.0231	104.8	2547	4.14	1.44	4.18	1.91	606	18.4	890	9.70
30	-0.958	995.6	0.0304	125.7	2556	4.12	1.45	4.18	1.92	614	18.8	797	9.86
35	-0.944	994.0	0.0397	146.6	2565	4.10	1.45	4.18	1.92	622	19.1	719	10.0
40	-0.927	992.2	0.0512	167.5	2574	4.07	1.46	4.18	1.93	628	19.5	653	10.2
45	-0.905	990.2	0.0656	188.4	2582	4.05	1.46	4.18	1.94	635	19.9	596	10.4
50	-0.878	988.0	0.0831	209.3	2591	4.03	1.47	4.18	1.95	641	20.3	547	10.5
55	-0.844	985.7	0.1046	230.3	2600	4.00	1.47	4.18	1.96	646	20.6	504	10.7
60	-0.803	983.2	0.1304	251.2	2609	3.98	1.48	4.19	1.96	651	21.0	466	10.9
65	-0.753	980.5	0.1615	272.1	2618	3.95	1.49	4.19	1.98	656	21.4	433	11.0
70	-0.692	977.7	0.1984	293.1	2626	3.93	1.49	4.19	1.99	660	21.9	404	11.2
75	-0.619	974.8	0.2422	314.0	2635	3.90	1.50	4.19	2.00	664	22.3	377	11.4
80	-0.532	971.8	0.2937	335.0	2643	3.87	1.51	4.20	2.01	667	22.7	354	11.5
85	-0.429	968.6	0.3539	356.0	2651	3.85	1.52	4.20	2.03	670	23.2	333	11.7
90	-0.307	965.3	0.4239	377.0	2660	3.82	1.53	4.21	2.04	673	23.6	314	11.9
95	-0.165	961.9	0.5049	398.1	2668	3.79	1.54	4.21	2.06	675	24.1	297	12.1
100	0.001	958.4	0.5982	419.2	2676	3.77	1.56	4.22	2.08	677	24.6	282	12.2
105	0.193	954.7	0.7050	440.3	2683	3.74	1.57	4.22	2.10	679	25.1	267	12.4
110	0.415	951.0	0.8269	461.4	2691	3.72	1.58	4.23	2.12	680	25.6	255	12.6
115	0.670	947.1	0.9654	482.6	2699	3.69	1.60	4.24	2.15	681	26.1	243	12.8
120	0.961	943.1	1.122	503.8	2706	3.67	1.62	4.24	2.18	682	26.7	232	12.9
125	1.292	939.0	1.299	525.1	2713	3.64	1.64	4.25	2.21	683	27.2	222	13.1
130	1.668	934.8	1.497	546.4	2720	3.62	1.66	4.26	2.24	683	27.8	213	13.3
135	2.091	930.5	1.719	567.7	2727	3.59	1.68	4.27	2.27	683	28.4	204	13.4

T/ ℃	P/ atm.g	ρf/ kg/m^3	ρg/ kg/m^3	hf/ kJ/kg	hg/ kJ/kg	Cvf/ kJ/kgK	Cvg/ kJ/kgK	Cpf/ kJ/kgK	Cpf/ kJ/kgK	kf/x10^{-3} W/mK	kg/x10^{-3} W/mK	μf/x10^{-6} Pa·s	μg/x10^{-6} Pa·s
140	2.568	926.1	1.967	589.2	2733	3.57	1.70	4.28	2.31	683	29.0	197	13.6
145	3.103	921.6	2.242	610.6	2740	3.55	1.72	4.29	2.35	682	29.7	189	13.8
150	3.699	917.0	2.548	632.2	2746	3.52	1.75	4.31	2.39	681	30.3	183	14.0
155	4.364	912.3	2.886	653.8	2752	3.50	1.78	4.32	2.44	680	31.0	176	14.1
160	5.102	907.5	3.260	675.5	2757	3.48	1.80	4.34	2.49	679	31.7	170	14.3
165	5.918	902.5	3.671	697.2	2763	3.46	1.83	4.35	2.54	677	32.5	165	14.5
170	6.818	897.5	4.122	719.1	2768	3.44	1.86	4.37	2.59	676	33.2	160	14.6
175	7.809	892.3	4.617	741.0	2773	3.42	1.90	4.39	2.65	674	34.0	155	14.8
180	8.897	887.0	5.159	763.1	2777	3.39	1.93	4.41	2.71	671	34.8	150	15.0
185	10.09	881.6	5.750	785.2	2781	3.38	1.96	4.43	2.78	669	35.7	146	15.2
190	11.39	876.1	6.395	807.4	2785	3.36	2.00	4.45	2.84	666	36.6	142	15.3
195	12.81	870.4	7.098	829.8	2789	3.34	2.03	4.47	2.92	663	37.5	138	15.5
200	14.35	864.7	7.861	852.3	2792	3.32	2.07	4.50	2.99	660	38.4	135	15.7
205	16.02	858.8	8.690	874.9	2795	3.30	2.10	4.52	3.07	657	39.4	131	15.8
210	17.83	852.7	9.589	897.6	2797	3.28	2.14	4.55	3.15	653	40.4	128	16.0
215	19.78	846.5	10.56	920.5	2799	3.26	2.18	4.58	3.24	649	41.5	125	16.2
220	21.89	840.2	11.62	943.6	2801	3.25	2.22	4.61	3.33	645	42.6	122	16.4
225	24.16	833.8	12.76	966.8	2802	3.23	2.26	4.65	3.43	641	43.8	119	16.5
230	26.61	827.1	13.99	990.2	2803	3.22	2.30	4.69	3.53	637	45.0	116	16.7
235	29.23	820.3	15.31	1014	2803	3.20	2.34	4.73	3.64	632	46.2	114	16.9
240	32.03	813.4	16.75	1038	2803	3.19	2.38	4.77	3.75	627	47.5	111	17.1
245	35.03	806.2	18.30	1062	2802	3.17	2.42	4.82	3.88	622	48.9	109	17.2
250	38.24	798.9	19.97	1086	2801	3.16	2.47	4.87	4.01	617	50.3	106	17.4
255	41.66	791.4	21.77	1110	2799	3.14	2.51	4.93	4.15	611	51.9	104	17.6
260	45.31	783.6	23.71	1135	2797	3.13	2.56	4.99	4.31	606	53.4	102	17.8
265	49.19	775.7	25.81	1160	2794	3.12	2.60	5.05	4.47	600	55.1	100	18.0
270	53.31	767.5	28.07	1185	2790	3.11	2.65	5.12	4.66	594	56.9	97.6	18.2
275	57.69	759.0	30.52	1211	2785	3.10	2.70	5.20	4.85	588	58.8	95.5	18.4
280	62.33	750.3	33.17	1237	2780	3.08	2.75	5.29	5.07	581	60.9	93.6	18.6

T/ ℃	P/ atm,g	ρf/ kg/m^3	ρg/ kg/m^3	hf/ kJ/kg	hg/ kJ/kg	Cvf/ kJ/kgK	Cvg/ kJ/kgK	Cpf/ kJ/kgK	Cpf/ kJ/kgK	kf/x10^{-3} W/mK	kg/x10^{-3} W/mK	μf/x10^{-6} Pa · s	μg/x10^{-6} Pa · s
285	67.24	741.3	36.03	1263	2774	3.08	2.80	5.39	5.31	574	63.1	91.6	18.9
290	72.45	731.9	39.13	1290	2767	3.07	2.86	5.49	5.58	567	65.5	89.7	19.1
295	77.95	722.2	42.50	1317	2759	3.06	2.91	5.61	5.88	560	68.1	87.7	19.3
300	83.76	712.1	46.17	1345	2750	3.05	2.97	5.75	6.22	553	70.9	85.9	19.6
305	89.89	701.6	50.17	1373	2739	3.05	3.03	5.91	6.60	545	74.1	84.0	19.8
310	96.36	690.7	54.54	1402	2728	3.04	3.09	6.08	7.04	537	77.6	82.1	20.1
315	103.2	679.2	59.34	1432	2715	3.04	3.16	6.29	7.56	529	81.6	80.2	20.4
320	110.4	667.1	64.64	1462	2701	3.04	3.23	6.54	8.16	520	86.2	78.3	20.8
325	117.9	654.3	70.51	1494	2684	3.05	3.30	6.83	8.88	511	91.5	76.4	21.1
330	125.9	640.8	77.05	1526	2666	3.05	3.38	7.19	9.75	502	97.7	74.4	21.5
335	134.3	626.3	84.41	1560	2645	3.06	3.46	7.63	10.84	492	105	72.4	22.0
340	143.1	610.7	92.76	1595	2622	3.08	3.54	8.21	12.24	482	115	70.3	22.5
345	152.4	593.6	102.4	1632	2595	3.10	3.64	8.99	14.09	471	126	68.1	23.1
350	162.1	574.7	113.6	1671	2564	3.14	3.74	10.12	16.69	460	141	65.8	23.7
355	172.4	553.1	127.1	1714	2527	3.20	3.86	11.89	20.63	449	162	63.2	24.6
360	183.2	527.6	143.9	1762	2482	3.30	4.01	15.00	27.36	439	191	60.3	25.6
365	194.6	495.7	166.4	1818	2423	3.48	4.20	21.41	41.80	432	240	56.8	27.1
370	206.7	451.4	201.8	1891	2335	3.84	4.57	45.16	96.60	445	349	52.3	29.7

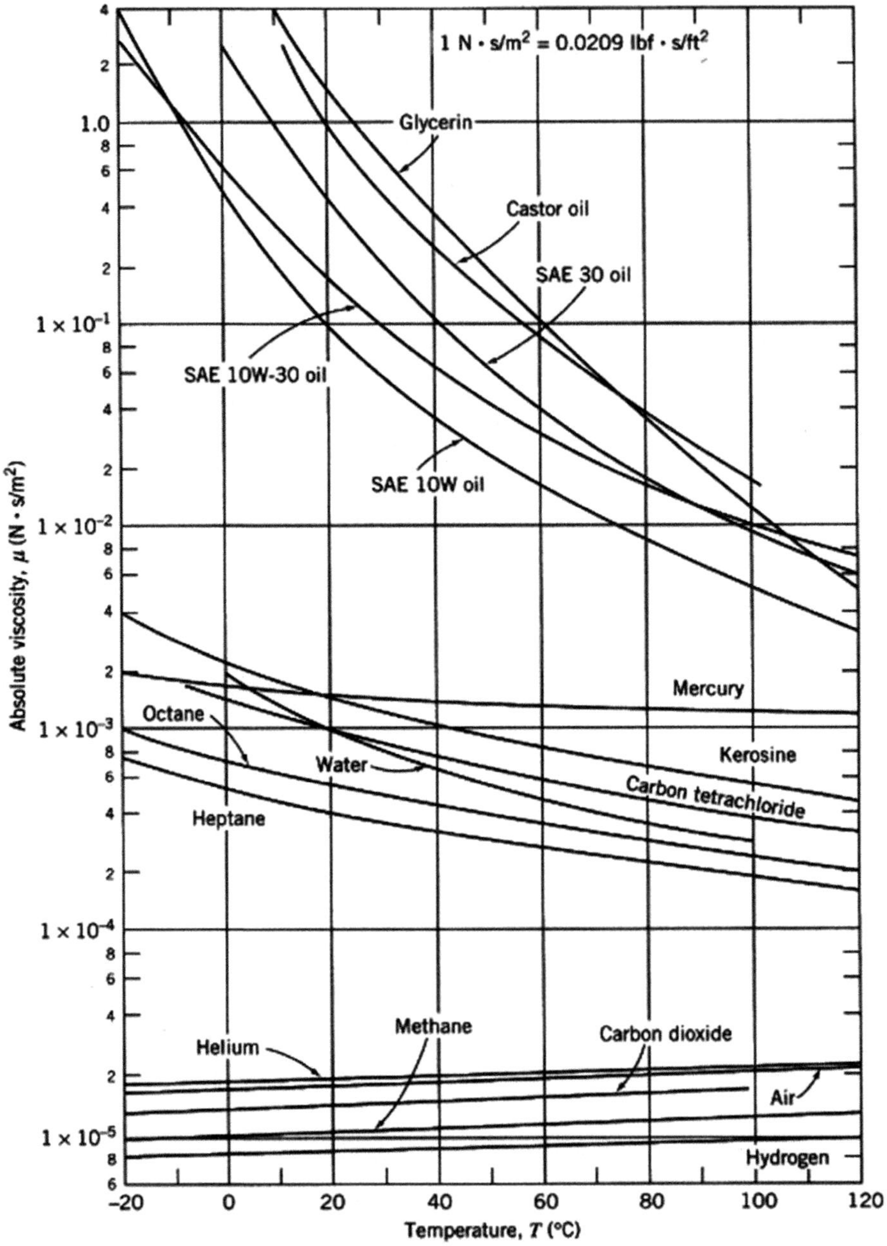

그림 A-1 다양한 유체의 온도에 따른 점성계수

[저자]
이태희 수원과학대학교 소방안전설비공학과
이태원 오산대학교 소방안전관리과
방부형 경기과학기술대학교 소방방재학과

소방 유체역학

발 행 일 • 2024년 2월 15일
수정발행일 • 2024년 8월 19일
저 자 • 이태희 · 이태원 · 방부형
발 행 자 • 최 봉 조
발 행 처 • 진샘미디어
주 소 • 서울시 은평구 연서로 5길 28 부호아파트 102동 상가5호
전 화 • 02)353-4421 / FAX 02)353-4431
홈페이지 • www.jinsaem.co.kr
신고번호 • 제311-2005-000025호
I S B N • 979-11-91419-36-8 93550

정가 20,000원